高等院校设计学应用型精品教材

UI界面设计

姚田 陈玲 主编

E-BOOK

KNOWLEDGE

AWARD

DISTANCE EDUCATION

DISCOVERY

STUDY

INVENT

LEARN TO THINK

ONLINE EDUCATION

RESEARCH

FIRST CLASS

UNIVERSITY

WAKE UP

GEOMETRY

EXPLORE

TEST

LIBRARY

WISDOM

TUTORIALS

DIPLOMA

孟祥芸 王文静 沈真波 陈悦 副主编   尹燕 参编

江苏凤凰美术出版社

图书在版编目（CIP）数据

UI界面设计／姚田，陈玲主编．-- 2版．-- 南京：
江苏凤凰美术出版社，2021.8（2023.1重印）
ISBN 978-7-5580-8881-0

Ⅰ．①U⋯ Ⅱ．①姚⋯ ②陈⋯ Ⅲ．①人机界面－程序
设计 Ⅳ．① TP311.1

中国版本图书馆CIP数据核字（2021）第151376号

责任编辑	韩　冰	
策划编辑	唐　凡	
责任校对	许逸灵	
装帧设计	焦莽莽	
责任监印	于　磊	

书　　名	UI界面设计
主　　编	姚田　陈玲
出版发行	江苏凤凰美术出版社（南京市湖南路1号　邮编：210009）
制　　版	南京新华丰制版有限公司
印　　刷	南京大贺开心印商务印刷有限公司
开　　本	889mm×1194mm　1/16
印　　张	7.25
字　　数	180千字
版　　次	2021年8月第2版　2023年1月第2次印刷
标准书号	ISBN 978-7-5580-8881-0
定　　价	50.00元

营销部电话　025-68155675　营销部地址　南京市湖南路1号
江苏凤凰美术出版社图书凡印装错误可向承印厂调换

前言

　　移动互联网发展到今天，相比传统的平面广告或建筑等设计领域时间较短，虽然有很多传统的规律可以遵循，但信息的传播方式发生了巨大的变化。"UI"热是近几年来兴起的潮流，移动产品满足了现代人在最短时间内获取大量信息的要求，手机、平板是习惯快节奏生活方式的人们最喜爱的交互工具。近几年国内很多从事手机、软件、网站等行业的企业和公司都设立了 UI 部门，但交互设计这些学科源于西方，我国引入此类学科较晚，导致目前对 UI 的教育体系不够完善，且国内开设此专业的学校较少，整体上缺乏一个良好的学习与交流的环境。

　　在目前开设的 UI 课程教学中，大部分学校往往会把注意力集中在 GUI 的设计中，其实视觉、平面设计、文案和信息结构都是它包含的内容。如何在有限的页面内呈现或引导有效信息，又不显得杂乱臃肿，对设计者来说是一种考验，对企业也提出了新的挑战。初级的 UI 就是平面设计的一个延续，UI 知识体系的架构是基于一定的版式设计基础知识和用户体验，完整的 UI 设计包含 GUI 设计、用户交互设计和设计测评，涉及手机移动设备、网站平台、软件平台、智能电视、游戏、电子出版等行业。基于对 UI 知识结构的梳理，本教材由武汉传媒学院的姚田老师牵头，集合了国内各高校老师、企业的设计师共同完成这本教材的编写，且部分案例参考 25 学堂、UI 中国等设计资讯网站。本书对 UI 知识的理解侧重于移动端的知识体系讲解，而并不是泛泛地介绍 WEB 端和移动端，更不是狭义地把它定义为软件操作。通过对本书的学习，希望读者能熟悉 UI 的视觉表现技巧，了解移动互联网项目的完整设计过程，掌握不同手机平台的基本规范并灵活运用，了解交互设计流程及 UI 的基本布局，希望能对有意从事 UI 行业的设计师有一定的帮助。

目录

第一章
UI 界面概述

本章学生必读书目：

[1] 薛澄岐：复杂信息系统人机交互数字界面设计方法及应用 [M]. 东南大学出版社，2015.

[2]（日）原田秀司：多设备时代的 UI 设计法则：打造完美体验的用户界面 [M]. 中国青年出版社，2016.

[3] 隋涌：互联网产品（Web/ 移动 Web/APP）视觉设计——风格篇 [M]. 清华大学出版社，2015.

[4] 刘津、李月：破茧成蝶——用户体验设计师的成长之路 [M]. 人民邮电出版社，2014.

本章应该完成的阶段任务：

1. 什么是界面设计。

2. 以用户为中心的界面设计原则。

1.1 UI 界面设计

1.1.1 UI 的定义

在国内，界面设计在漫长的软件发展中，一直未被重视，从事界面设计工作的人也一直被贬称为"美工"，其实界面设计就像工业产品的造型设计一样，是产品的重要卖点，一个友好而美好的界面会给人舒适的视觉享受，同时会拉近人与电脑之间的关系。UI 的全称是 User Interface，即用户界面，用户界面是一个比较广泛的概念：从狭义的角度来说，UI 包括图标、APP 界面、软件、网页按钮和网页导航等视觉元素；从广泛意义来看，UI 设计则是指对软件的人机交互、操作逻辑、界面美观的整体设计，是用户与机器之间沟通的桥梁（图 1-1，界

图 1-1　界面的桥梁作用

面的桥梁作用），这个界面实际上是体现在我们生活中的每一个环节中的，例如开车的时候方向盘和仪表盘就是这个界面，看电视的时候遥控器和屏幕就是这个界面，用电脑的时候键盘和显示器就是这个界面。于是我们可以把 UI 分成两大类：硬件界面和软件界面。界面以某种形式呈现出来的美，不仅要作为艺术审美形式的美，满足人们感觉上的愉悦性，更多的是产品作为人操作的一种工具，来满足人实现某种目的时享受的愉悦性。Jef Raskin 曾说过，"在你使用工具完成任务的过程中，你所做的操作以及工具的响应，这些结合起来构成了界面"，所以界面设计不仅是设计的一种表象，更是一种实质性的体现，带有更多的实用性，总的来说可以分为界面设计、交互设计和用户设计三个部分。

1.1.2 UI 的分类

界面设计是一门结合美学、计算机科学、心理学、行为学、人机工程学、信息学以及市场学等的综合性学科，强调人—机—环境三者作为一个系统进行总体设计。如图 1-2 界面设计的范围所示，我们可以通过载体分为 WUI（web user interface）和 HUI(handset use interface) 两大块，在 PC 端从事网页设计的我们称为 WUI 即网页设计师；在移动端从事移动设计的称为 HUI 即移动界面设计师，也就是我们常规说的 UI 设计师（图 1-2，界面设计的范围）。UI 设计包含 3 个层面的内容：一是我们大家都知道的视觉设计，目的是让产品界面更加美观，让用户乐于运用；二是交互设计层面，研究人机交互原理和用户心理，研究软件的操作流程和信息架构，目的是让用户更好地使用；三是提取用户最关注的功能，使它成为设计的必要目标。

图 1-2　界面设计的范围

    好的 UI 界面美观易懂、操作简单且有引导功能，使用户感觉愉快，拉近用户和机器之间的距离，从而提高使用效率。所以，对整个设计体系而言，UI 界面设计是其重要的组成部分。对于设计类专业而言，UI 界面设计更多地侧重于 GUI（Graphical User Interface），即图形用户界面设计，主要是对屏幕产品的视觉效果和互动操作进行设计，如图 1-3 淘宝网页界面设计与图 1-4 手机界面设计均是以鲜明生动的形式——形态、色彩、质感等给用户以舒服悦目的感受。

图 1-3　淘宝网页

图 1-4　手机界面

1.1.3 UI 需要学习的设计软件

对于从事设计专业的人员来说，不管我们有多好的想法，都得依托设计软件来实现，对设计软件的掌握是一种必不可少的硬技能。我们在 UI 学习过程中会涉及的有 PS、AI、AE、SK、FW 等这些常用软件（图 1-5，设计软件）。其中 PS（Adobe Photoshop）是目前最主流的设计工具，2016 年 12 月推出的 Adobe Photoshop CC2017 为市场最新版本。PS 可以用来从事平面设计、网页设计、UI 设计等多种设计工作。在 UI 设计中 PS 的使用率在 90% 以上，所以作为一个合格的 UI 设计师，PS 是肯定得掌握的。PS 可以在 UI 设计中进行界面设计、图标设计等。通过在 Photoshop 中进行简单图形操作，如果涉及整套图标或任选复杂图形就可以选用 Illustrator，AI 可以根据尺寸不同放大或者缩小，还可以用 AI 来设计交互草图，在 UI 设计中 AI 的使用率也是非常高的，主要可以用来绘制图标、界面等设计，排版功能相对 PS 而言更胜一筹。作为

一款非常好的矢量图形处理工具，Adobe Illustrator 广泛应用于印刷出版、海报书籍排版、专业插画、多媒体图像处理和互联网页面的制作等，2016 年 12 月推出的 Adobe Illustrator CC2017 为市场最新版本。AE（Adobe After Effects）具有强大的视频特效、交互动效功能，可以轻松实现界面交互动画及特效，2016 年 12 月推出的 Adobe After Effects CC2017 为市场最新版本。AE 可以用来从事影视后期、平面设计、UI 设计等多种设计工作。在 UI 设计中 PS 主要用来制作交互动效图；SK 对于界面设计而言是必不可少的，它方便快捷功能强大，是目前学 UI 设计的主流设计软件；FW 是一款位图与矢量结合的软件，非常适合做小图标，操作方式是由贝斯曲线画图，但显示是以像素方式展示的，用起来非常灵活。还有其他的一些软件，例如 CorlDRAW、MarkMan 等，需要大家在后面学习中慢慢体验，在此就不再过多讲述。

图 1-5　设计软件

1.2 UI 界面设计的基本原则

每个设计师都有自己独特的设计原则，但用户体验原则是界面设计最基本和最重要的设计原则。所谓用户体验原则，就是在软件界面设计中，要充分体现"以人为本""用户友好"的基本要求，最终让用户易懂、易学、易用。在大家开始着手设计用户界面之前，首先应该了解什么样的用户界面才是出色的用户界面，通过资料的整理与收集，大家需要考虑以下几点基本原则。

1.2.1 一致性原则

保持界面一致性是设计法则中最重要的原则之一，也是界面开发人员最容易忽略和违反的一个原则。界面风格的统一有三方面内容：产品目标、硬件（设备）、用户习惯。在整个应用程序中保持界面一致是非常重要的，在设计中保持一致性可以减少用户的学习成本。如图 1-6 西瓜界面

设计，在界面的视觉表象上借助西瓜这个元素让手机整个界面保持一致。这个一致性法则可以增加商品的品牌效应，在设计中主要体现在：同一公司下的界面效果、同一属性下的产品界面、不同版本的同一个软件产品的界面统一。例如当我们点击按钮或者进行拖动操作时，我们期望这样的操作在整个程序的各个界面变得一致，与用户习惯（印象）的风格一致，主要指用户元素的设计，如用户印象里"齿轮"表示"设置"功能，"头像"表示"个人中心"功能，用户界面设计时应当充分考虑这点。

1.2.2 简洁性原则

密斯·凡·德·洛提出"少即是多"的原则对整个设计界产生了深远的影响，例如扁平化、巨幅背景图片、默认隐藏的全局导航，很多设计风格都直接或间接地受到极简风格的影响。界面设计中遵循"简洁性"原则不仅是设

图1-6 西瓜界面设计

计的美学原则，同时也是显示屏幕大小所要求的。对于界面设计而言，极简风格，或者说"最小化设计"，指元素和内容的清晰直观的表达效果。其根本目的是最大化地突出内容本身，而非界面框架。图1-7是ISO界面，其图标的设计就是极简风格，扁平化和简洁化的处理可以使重要信息及功能更容易被聚焦，从而提升界面整体的易用性。设计逻辑清晰，是指界面元素位置的放置是有逻辑的（常规逻辑，保证用户可理解），而不是随意的。其实这里追求的是界面能够引导用户的视觉流程，跟随着设计逻辑（与界面角色和功能相关）进行。总的来说简洁是指元素和内容的清晰直观的表达效果，在手机界面设计中让界面保持简洁与清晰的方法就是删减不必要的内容，隐藏可以隐藏的内容，避免不必要的操作元素。

1.2.3 高效性原则

界面设计的目的是满足用户完成任务的需求，也就是说能够表达出功能的含意，让用户快速理解界面内容和功能。高效是指减少等待，敏捷稳定的操作是重要因素。一个良好的界面不应该让用户感觉到反应迟缓，如果出现需要等待的界面处，可以如图1-8，设计让人愉悦的加载界面，可以缓解用户在等待过程中焦虑的心情，人是视觉动物，对外形和颜色的观察和理解直接反映到人的思维情感；或者如图1-9，在设计信息反馈界面时应该让用户减少点击

图1-7 ISO界面设计

次数或者减少画面跳转。反馈的形式多样，所有的提示都应该在恰当的时候出现在恰当的位置，用简短而清晰的文字提供有用的信息，不让用户产生迷惑。如图 1-10 是移动端设备的评论界面，及时有效的反馈设计有着举足轻重的作用。如图 1-11 是 360 安全卫士 PC 客户端的界面设计，凸显其核心功能"体检"。高效的反馈性原则需要遵循以下 6 点原则：

1. 为用户在各个阶段的反馈提供必要、积极、即时的反馈；

2. 避免过渡反馈，以免给用户带来不必要的打扰；

3. 能够及时看到效果的、简单的操作，可以省略反馈提示；

4. 所提供的反馈，要能让用户用最便捷的方式完成选择；

5. 给不同类型的反馈做差异化设计；

6. 不要打断用户的意识流，避免遮挡用户可能回去查

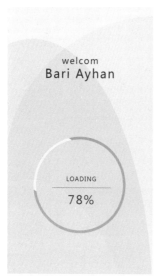
图 1-8　加载界面图

图 1-9　反馈界面

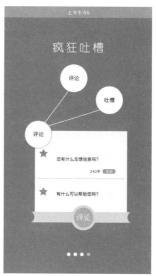
图 1-10　评论界面

图 1-11　360 安全卫士 PC 客户端的界面

看或操作的对象。

1.2.4 情感化原则

唐纳德·诺曼（Donald Arthur Norman）在其代表作《情感化设计》一书中提出"产品必须是吸引人的，有效的，可理解的，令人快乐和有趣的"。情感是人对外界事物作用于自身时的一种生理反应，体现为愉快、喜爱和苦恼、厌恶等。心理学家已经论证过人是视觉动物，对外形的观察和理解80%均来自视觉，视觉设计越是符合人的思维，就会越容易被人接受和喜欢。情感化（Affective design）的设计是一种创意工具，表达和实现设计师的思想和设计目的。随着时代的发展，人的感性心理需求得到了前所未有的关注，所以现在的设计越来越重视情怀，富有情感的设计会让用户倍感愉悦，情感化的文案会让用户感觉到贴心。适时、适景、适当是图1-12余额宝引导页面情感化

设计必不可少的。总的来说是指旨在抓住用户注意、诱发情绪以提高执行特定行这儿的设计，如图1-12余额宝的启动页面设计，无论是文案还是图形和色彩搭配上都给人一种温馨的触感。

1.3 交互设计

移动领域已经随着新设计模式的实现迅速扩大，也正因为硬件和软件的持续发展，移动应用设计也随着史无前例的人机交互模式逐步发展成为现实。新的技术为解决方案提供了可能性，也因为响应式设计的进步，网页和移动端设计同步化加剧，使得应用程序能够适用于各种形状和尺寸的设备。交互设计，甚至可以说所有设计类型的工作，其实都走在以人为中心进行设计的道路上。用户，也就是人，应该获得我们最首要的关注，设计师们应该要能够做

图1-12　余额宝引导页面

出这些非常以人为本，而又真正能够帮助用户达成目标的设计。

　　交互设计（interaction design）是指设计人和产品或服务互动的一种机制。以用户体验为基础进行的人机交互设计是要考虑用户的背景、使用经验以及在操作过程中的感受，从而设计出符合用户最终需求的产品。可用性（usability）是交互设计的基本而重要的指标，它是对可用程度的总体评价，也是从用户角度衡量产品是否有效、易学、安全、高效、好记、少错的质量指标，它包括软件的操作流程、树状结构、软件的结构与操作规范等。界面是一个静态的词，当进行界面设计时，我们关心的是界面本身，即界面的组件、布局和风格，看它们是否能支撑有效的交互。用户界面有两部分的设计：交互设计（图1-13）和视觉设计（图1-14）。交互是视觉设计的基础，在充分了解需求的前提下，提出问题并找到解决问题的方法。交互设计的内容包括信息架构、页面布局、流程跳转。交互设计最重要的是处理两个方面的内容：信息和互动。在本书的第五章会有详细介绍。

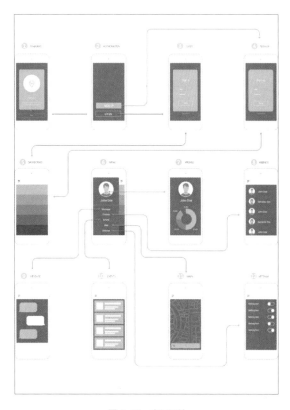

图 1-13　交互设计

图 1-14　视觉设计

1.4 用户体验

　　用户体验 UX（User Experience），顾名思义，就是指用户在使用过程中的体验感，即研究人与信息产品的流程和关系，主要关注用户对产品的体验感受，确保产品的逻辑的流程顺畅，归根结底是要研究人、事、物的联系。这里涉及三个关键词，即"用户""过程中"和"主观感受"，用户研究是测试交互设计的合理性以及图形设计的美观性，包含两个方面：一是可用性工程学（Usability Engineering），研究如何提高产品的可用性，使得系统的设计更容易被人使用；二是通过可用性工程学的研究，发展用户潜在需求，为技术创新提供另一条思路和方法。本小节的学习主要是帮助大家解决如何将用户的个人资料转化成有形的事物，比如说"界面"。分析与聆听客户和最终用户的需求是研究用户体验的一大秘诀。

　　用户研究是一个跨学科的专业，涉及可用性工程学、人类功效学、心理学、市场研究学、教育学、设计学等等学科。用户研究技术是站在人文学科的角度来研究产品，站在用户的角度介入到产品的开发和设计中。不同的应用领域对于用户体验设计所要求的知识体系和研究方法有所不同，如建筑设计和环境设计中的用户体验等。图 1-15 所示为用户体验与产品创新设计的研究框架和知识体系。UI 界面是被人使用的，只有用户使用你的设计界面时，才是成功的设计，例如一件衣服很漂亮，但是穿起来不舒服，那么这个设计也是一个失败的设计。如图 1-16 这张天气界面的设计，视觉效果非常地好，但是用户体验却很糟糕，当前状态与主界面关联太弱，同时弧线形的轨迹阅读也给人增加了很大的阅读障碍。

用户体验设计的本质特征在于协调"人—产品—环境"所组成情境的动态关系，为人们创造多重结构和谐的生活方式。对使用方式的情境描述主要集中在使用产品的过程中人与环境和社会的动态关系，这种关系包括人与使用环境（使用场所和时间）、人与人（各自的角色与地位）、人与产品（感受和互动）、产品与产品（相互作用与影响）等多重结构和互动。在 UI 设计中，大家一直需要思考的两个问题是：谁是目标客户？设计出来的东西是做什么用的？用户研究不仅对公司设计产品有帮助，而且让产品的使用者受益，是对两者互利的。对公司设计产品来说，用户研究可以节约宝贵的时间、开发成本和资源，创造更好更成功的产品。对用户来说，用户研究使得产品更加贴近他们的真实需求，通过对用户的理解，我们可以将用户需要的功能设计得有用、易用并且强大，能解决实际问题。但用户体验和用户分析有所不同，它不仅针对实际的用户状况，还会对希望为用户提供什么样的价值、解决什么用户的需求等问题提出解决方案。

图 1-15　用户体验

图 1-16　天气界面图

1.5 知识拓展

1.5.1 UI 知识体系图表

图 1-17　UI 知识体系

1.5.2　UI 存档命名规范

导航栏：nav	菜单栏：tab	图　标：icon
背　景：bg	删　除：delete	弹　出：pop
标　签：tag	底　栏：tabbar	标　题：title
按　钮：btn	广　告：banner	编　辑：edit

本章实训

作业 1：

实训内容：分析自己手机的界面设计

实训要求：PPT 展示完成，不少于 15P；版式排列需有设计感

实训提示：列出好的地方与不好的地方；欠缺的功能；经常出错或不好用的功能；不方便的操作；图标或界面问题；最想要的功能；理想的操作方式等。

作业 2：

实训内容：什么是用户体验

实训要求：PPT 展示完成

实训提示：分别从用户体验、框架、结构、范围及战略这五个层次结合实际案例说明（如图 1-18）。

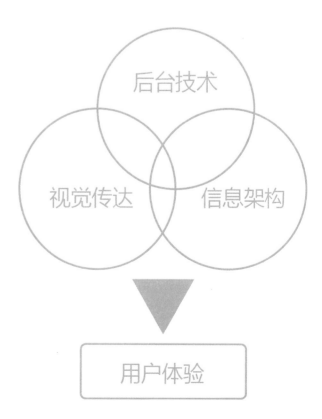

图 1-18　用户体验

第二章
界面的图标设计及其规范

本章知识要点：

2.1 图标设计的基本理论

2.2 ICON 的设计规范

2.3 ICON 图标的创意思路

2.4 ICON 图标的创意原则

2.5 系列图标创意设计

本章学生必读书目：

[1] 薛澄岐：复杂信息系统人机交互数字界面设计方法及应用 [M]. 东南大学出版社，2015.

[2]（日）原田秀司：多设备时代的 UI 设计法则：打造完美体验的用户界面 [M]. 中国青年出版社，2016.

本章应该完成的阶段任务：

1. 图标设计的规范尺寸。

2. 系列图标设计的创意方法。

2.1 图标设计的基本理论

图标设计是 UI 设计的重要组成之一，图标是一种经典的传递信息的方式，它广义上是指具有指代意义的图形符号，具有高度浓缩并快捷传达信息用于生活中传达意义的图形符号，包括文字、讯号、密码、图腾、手语等，有便于记忆的特性；狭义的图标就是我们所熟悉的在计算机程序方面的应用，包括程序标识、数据标识、命令选择、模式信号或切换开关、状态指示等。图标（ICON）诞生于20 世纪 90 年代的 IT 产业中，原意指计算机软件中为使

UI（人机界面）更加易于操作和人性化而设计出的标识特定功能的图形标志，同时也是一种图片格式简称：*.icon、*.ico。由图标窗口和按钮等图形元素所组成的可视化操作区域，我们称它为 Graphcal User Interface，也就是我们今天所说的 GUI，图形用户界面设计。如图 2-1 的图标设计，通常是传达给用户的第一视觉感受，即便没有文字，我们也能猜到这些图标所代表的意义。在面对一款 APP 时，用户很多时候会根据一个应用图标来决定是否下载使用，比起文字和载图的推广而言，图标的重要性不言而喻。一

套好的图标能够为用户直观传达所描述的物体，特别是一些抽象的功能和意义，减轻用户的认知负担。同时增添图标的精美度不仅能提升整个界面的吸引力和观赏性，还能使用户与产品产生共鸣。图标根据不同的功能模块来分类，可以分为功能型图标和示意型图标，功能图标比如像微信、QQ 等代表启动此应用的一类图标，示意图标比如像删除、保存等。按照界面位置和模块来分，分为底部标签、顶部导航、按钮图标、界面图标、功能图标和其他图标。

图 2-1　图标设计

2.2 ICON 的设计规范

由于移动端的尺寸有统一的要求，所以图标也有标准的大小和属性格式，一般有 16×16、32×32 两种，但通常一般使用的是小尺寸的。UI 设计是方寸艺术，应该着重考虑视觉冲击力，它需要在很小的范围内表现出手机的内涵，图标设计色彩不宜超过 64 色，所以很多图标设计师在设计图标时使用简单的颜色，利用眼睛对色彩和网点的空间混合效果，做出了许多精彩图标。标签设计应该注意转角部分的变化，状态可参考按钮。通过分析优秀应用图标发现，要设计一款精致醒目的图标，图形元素尽

可能不超过两个，并且不可平均分布，应突出主视觉；为了让图标更加自然融合，尽量使用正面垂直角度，避免使用自上而下的俯视角度，从而增强识别度。

2.2.1 ICON 外形规范

从图 2-2 中常用的社交网的图标中我们可以分析出 ICON 的外形规范特点：

1. 外形轮廓：图标外形轮廓和内部复杂程度不同，会导致视觉体量感随之不同。在没有边框的情况下，图标不可能都整齐划一，这等于复杂了视觉信息，降低了信息传达的效率。图标本身其实已经很简单了，但是因为都集中

图 2-2 社交网图标

在一起，信息量还是比较复杂的，你只要稍微看久一点，就会有视觉疲劳，分辨信息效率会越来越低。总的来说图标的外形应该尽可能地简洁，尽量用几何图形来构成，避免用随意的手绘线条。

2. 方向：图标的方向问题一般以我们大家的生活经验为准，例如放大镜多为右手握持，设计方向需定为↖；电话听筒多为左手握持，设计方向需定为↗；在设计中，大多情况设计师都会使用45度角或者它的倍数。45度角会显得很均匀（在像素下会表现得更强），这种完美的对角线会让人眼看得很舒服也很清晰。这种模式同时也可以建立一组图标的统一性。如果我要打破这种规则我可能会使用减半角度（22.5或者11.5度）或者15的倍数，当然也会根据情况进行调整。使用45度角的好处是即使反角度用也是不会打乱规则的。

3. 内部形状：ICON最难把握的就是其内部的形状，不管是二维还是三维，形状一定要简洁易懂，一目了然。ICON的元素一般都会取自生活中的某个物体，想要简单易懂，一定要抓住物体最主要的特征来展现。当图标在12px以下的尺寸，可使用矢量图形来做；图标在16px及以下的尺寸必须采用像素画的风格；其他尺寸采用一般位图风格。

4. 组合形状：图标的组合元素不宜过多，最好是1—2个组合，元素过多会导致识别混乱，即使两个元素的组合一般也会有主次、大小和颜色轻重之分。具体如两个或两个以上的图形横向组合时，主体形状必须放置于左方；两个或两个以上的图形纵向组合时，主体形状必须放置于上方。

5. 线条：在视觉引导范围里，信息传递的效率不仅仅受信息的繁复程度影响，也有其他影响因素，例如：尺寸。尺寸过小，辨识不容易，尺寸过大，不能一眼辨识主要信息，也影响辨识效率。说到线的粗细，2像素应该是最理想的，可3像素是最通用的。在大多情况下字和扁平的图标是要避免特别细的线条，除非你是为了做出一些期望效果。如果你想定义线条的形状，一般设计师会通过光线和阴影的方法。

6. 比例：同一套不同尺寸的ICON，其比例必须近似，禁止差异过大。当你使用的线条宽度为偶数时，图标尺寸应为偶数（宽）×偶数（高）；当线条宽度为奇数时，那么图标尺寸应为奇数（宽）×奇数（高），尽量不要混合使用奇数和偶数尺寸。如果是在画ios或者安卓的图标，按照对应的平台规范来就好。如果是web或者练习用，可以选择这几种：16×16(px)，24×24(px)，32×32(px)，48×48(px)，64×64(px)，96×96(px)，128×128(px)，256×256(px)，512×512(px)。

7. 颜色：一个ICON的颜色最好控制在三个颜色以内，其中黑白不算色，如果超出三个颜色，ICON会看起来比较花；其二，整套ICON的颜色灰度上要保持一致，基调一致。

2.2.2 质感规范

质感图标大概可以分为纯平面、折叠、轻质感、折纸风、长投影、微立体这六种。这种相对剪影的好画很多，也更加容易塑造风格，更多是在色彩上有得发挥和考究，用在界面里也是最为突出的。如图2-3是一组拟物的图标，在一个追求真实的原则下，拟物的设计就是要对细节精确追求，需要注意以下几个方面：

1. 光源：在图标设计时，统一定义光源的方向默认为屏幕前上方，0度至45度之间。

图2-3　拟物图标

2. 受光面：受光面范围在物体可视表面面积的二分之一内，同样，背光面的范围也在物体可视表面面积的二分之一内，其中背光面的范围还包括明暗交界线和反光两个部分。

3. 明暗交界线：范围在背光面面积三分之二内，一个体积的表现，最多使用两条明暗交界线，其中较重的一条处于较下方。

4. 反光：范围在背光面面积三分之一内，根据光源的方向设定反光，反光强度禁止超过受光面（12px 及以下尺寸的 ICON 可忽略反光）。

5. 投影：根据光源的方向设定投影，禁止用纯黑色。16px 以上（不含 16px）尺寸的一般位图 ICON，外轮廓可使用投影，16px 以下（含 16px）ICON 外轮廓禁止使用投影。

2.3 ICON 图标的创意思路
2.3.1 图标设计的创意思路

1. 外形变形法。图标里的图形首先体现其内涵，如图 2-4 是表现休息的图标，通过与"休息"这个概念进行相关联想，筛选出"床"这个元素。但是一个普通的床无法引起用户的视觉关注，如果把轮廓进行变化，或者把平常熟悉的形状进行延伸变形，就会有不一样的视觉感受；图标是否成功就在于用户能否在极短的时间内很容易地破译你的信息。当然图标的可识别性作用不仅仅于此，一个精妙的可识别性元素的使用会将整个图标集里的图标都联系成一个整体。如图 2-5 是 QQ 主题设计大赛中以 QQ 为创意的一套图标，采用了图形的相似联想的创意方法设计出来一套字机界面图标。

图 2-4 休息图标

图 2-5 QQ 主题大赛创意图标

2. 图形置换组合法。置换图形是图标创意设计中一种重要的表现方法，是指意义相近但不相似的两种或多种物形相拼合，构成一个新的图形，如图 2-6 音乐图标的设计，就是多个与音乐相关的元素重新组合构成的新图标。如图 2-7 的播放器图标，是利用形与形之间的形似性和意念上的相异性，以一个物象的局部移植到另一物象的局部，通过想象进行置换处理，进行二次组合形成新的物象。

3. 主题故事法。这是手机主题经常会用到的方法，用一套完整的主题去描述一个故事，从而形成一套手机主题图标。如图 2-8 是一组以生日为主题的图标设计。

图 2-6 音乐图标

图 2-7 播放器图标

图 2-8　生日主题图标

2.3.2 图标设计的创意步骤

在《图标设计语言》中作者 Yegor Gilyov 曾提到 "如果你需要画几个图标，你需要整体考虑这个站点的所有图标，然后再开始使用软件绘制"。如果你的 ICON 全都是粗糙模糊的造型或拙劣的渐变色，那么这个 ICON 很失败，不能当作 "风格的问题" 来了事。这样的 ICON 不仅仅会毁掉整个页面的美观，更让被描述的文字降低了被查看的可能性，对你的用户来说，使用或阅读它是一种极大的痛苦。ICON 的细节包含对颜色的使用，对造型的创新，对质感的体现。图 2-9 解释了 ICON 设计构思的三个步骤。第一步分析需求：这个图标的作用是什么？放在哪里？什么风格？第二步确定释意：通过具体的图形来表达或用抽象的方式来表达。第三步形象制作：图形设计的过程，可以先在纸上画好草图，最后再进行细节整合。

第一步：分析需求，即寻找隐喻，就是对要表达的对

图 2-9　图标创意构思的三步骤

象寻找一个或者多个存在着因果或者接近的逻辑性关系的事物，这个事物是一个具体的物体而非抽象的概念。比如说根据 "音乐" 这个概念做个图标，我们会联想到音符、明星、播放器等，但问题是我们到底选择一个什么样的图标来表达呢？其原则首先考虑此图标的用户是谁，也就是遵循第一章所说的贴近用户的心理的原则。不同类型的用户所青睐的图标风格也有所不同，差的图标会导致用户界面的操作失败，一定要提醒大家不能过度追求设计上的美

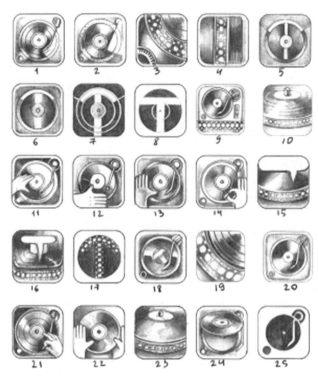

图 2-10 音乐图标草图

图 2-11 桌球 ICON

感而忽视了 ICON 的功能。

第二步：绘制草图。通过上一步对概念的思考后，接下来就要用纸画出图标的草稿。图标的形态简洁度决定了图形所适用的范围。往往一个图标要表达一定的含义就需要组合不同的形态，借助单个形态所传达的内在信息，拼合在一起去传达另外一种信息。例如图 2-10 的音乐图标，是设计师用铅笔手绘的图标草图，可以看出即使在这些草图中，也有着很多的细节，很多图案都尝试将光盘放在图

标设计当中。

第三步：风格确定。根据项目的需求，确定图标的风格，不同的图标使用环境的不同，也决定了不同风格的取向。

1. 拟物风格图标设计。

当用户第一次接触到图形界面时，拟物风格可以很轻松地让用户将从现实生活中获得的经验移植到拟物的图形界面上。在一般 APP 中，ICON 往往需要将某项功能进行直观的视觉表达，让用户以最少的思考便可还原其现实逻辑，常使用拟真（物）。如图 2-11 是一款桌球游戏的 ICON，真实而直观地传递出商家的产品信息，它的特点就是精致、细腻，比较接近真实物品。

拟物的风格图标通常是彩色一体表现，造型和组合上较写实，不是纯剪影，是写实过渡来的简化，又接近剪影，扁平简化设计，这里主要是利用面和颜色来进行造型的设计。例如图 2-12 照相机图标的设计。

2. 扁平化风格图标设计。

什么是扁平化设计？简单地说就是抛弃那些已经流行

图 2-12 照相机图标设计

多年的渐变、阴影、高光等拟真视觉效果，是对以前过度设计和过度雕琢的界面风格的逆袭。对于设计师来说，扁平化设计是一种实打实的设计风格，不要花招，不要粉饰。从整体的角度来讲，扁平化设计是一种极简主义美学，附以明亮柔和的色彩，最后配上粗重醒目而风格又复古的字体。扁平化风格不是意味着没有投影，没有高光，没有渐变，更多的是一切视觉元素的信息衬托和突出，在移动设备中过于复杂的效果并不能很好地吸引用户，反而会给用户造成视觉疲劳，例如 Facebook 是扁平化风格的典型代表，除了几个主要的动作按钮当中使用了轻微的斜面效果以外，其他界面元素全部使用扁平风格。

扁平化设计弱化了视觉上对用户视觉的吸引，反而突出了信息的重要性，具体体现在简化了诸如按钮、图标一类的界面元素，如图 2-13 中扁平化图标大部分无非就是剪影表现，图形内部结构要注意元素构成之间的比例，有黄金比例分割也有感性的平衡方法，扁平化图标风格一般包含四种风格：常规扁平化、长投影、投影式、渐变式。

图 2-14　线性风格图标

图 2-13　扁平化风格图标

3. 线性风格图标设计。

随着扁平化风格的逐步流行，线性图标也越来越被重视，从传统的控制面板、导航条到功能性的列表界面，它无处不在。线性风格图标也称为外描边风格，一般是以描线方式画出来的，比拟物化图标简单很多，但却很实用，但是绘制时也需要注意其规范性。图 2-14 是一款旅游图标的设计，单纯的黑白色调让页面干净清爽，整洁干练的线性图标保持了视觉的趣味性，它既能让用户赏心悦目，又能很迅速地传递信息。在 PS 中画出这种线性图标，主要用到形状工具和钢笔工具。因为这两种工具画出来都是矢量图，方便后期调整细节和大小。

4. 卡通风格的图标。

如图 2-15，卡通风格图标多用于游戏界面或儿童软件，线条自然流畅，色彩饱和度较高，多采用仿手绘的手法，简单而不失素雅。

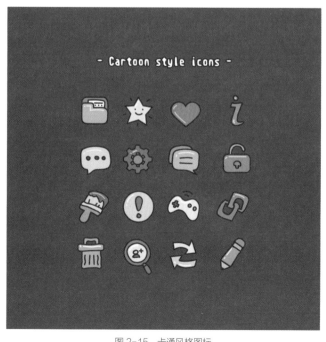

图 2-15　卡通风格图标

2.4 ICON 图标的创意原则

根据前面的知识，我们可以知道图标是表现客体、行为以及目的意义的可视化描述。有一些图标是用户心里既定的意义，比如说"放大镜"，放大镜通常总是和搜索框同时出现，所以用户很多时候不用文本标签就知道"放大镜"图标意味着"搜索"，它具有很强的识别度。但对于ICON 图标设计风格的选取取决于具体产品的实际情况，最重要的是能够让用户在最短时间内清楚识别出信息。无论采用怎样的风格，优秀的图标设计都要遵行一些共通的设计原则。

2.4.1 易识别性原则

易识别性是说图标的图形要准确地表达相应的操作，让用户能及时明白它所代表的含义。比如拨打电话图标，用户不需要看文字只需要看图标就知道是拨打电话用的。优秀的图标具有很强的识别性，有简单而直观的特点（如图 2-16）。

图标最关键点在于"隐喻"，所以当拿到设计项目时，第一件事情就是要考虑什么样的图标能够体现这一项目的内涵，能够吸引用户的眼球。如图 2-17 是《水果忍者》这款游戏的图标，我们可以看出 ICON 设计要凸显重点，图标应该是能被轻松识别的，构建它的元素要越少越好。而上面的插画和图形明显地告诉我们图标的相关性不该是复杂的，可以省略掉相同的对象，凸显出重要的信息。

图 2-16　图标的易识别性

2.4.2. 概括性原则

很多 ICON 看起来都大同小异，而直观简洁漂亮的却更好地凸显出来了，花费大把的时间在图标设计上是不为过的，精致的图标很容易感染到人，好图标很容易让人联想到应用内的体验也是很棒的。如图 2-18 是抽象概括后的坐椅图形。

图 2-17　水果忍者

图 2-18　座椅图标

　　ICON 切忌使用真实照片，无论一张照片多么漂亮，一旦用在了狭小的应用图标上，效果绝对是毁灭性的。图 2-19 的 Sipp 这个应用就是一个不错的例子，它可能源于照片，但是却比用照片做图标好不知多少个档次。葡萄酒倾倒而下形成的"S"和应用名相对应，色调光感也重新调过，木纹背景让图标显得很有质感。

图 2-19　葡萄酒图标

2.4.3 准确性原则

　　ICON 是一种交互模块，通常以分割突出界面和互动的形式来呈现，ICON 一般是起指示、提醒、概括、表述等作用，合理的图标可以让界面设计更加明晰。所以在 ICON 定义的时候一定要准确，非但不能模糊反而比 IOGO 的定义还要清晰。如图 2-20，想表达"查看"这个意思，我们选取哪个具体的物像来表达呢？第一种是放大镜，这个通常我们可以用在系统设置上，由于传统因素，我们会约定俗成地把它和相关设置放在一起，它既可以表示放大也可以表示搜索；第二种，由于社交化的催生，肢体语言可以概括出生动的图形，首先我们想到的是眼睛；第三种查看是阅读类情况，APP 应用居多，这个就可以用书本的轮廓来进行定义。这三种图形是根据具体情况来设定的，如果互换势必会带来定义不准的问题，所以在创建图标时，大家应该借助真实生活中对等的动作或物体以最明确的表达操作。

　　在以商业为主的图标设计中，会用一个标识或者字母去完成图标，有不少设计师为了让用户看到自己的 APP 应用软件，会在 ICON 上添加文字让用户知道应用名字，但是由于移动端的界面比较小，ICON 在手机设备上会变得更小，有时候会看不清楚图标上的文字，只会让用户有不好的体验。如图 2-21 中以单个字母为主的图标，清晰明确。

　　最后我们在绘制 UI 界面设计分阶段的图标时，在 PS 里面尽可能用形状来绘制，从而保证图标和按钮是矢量图。在对图标格式的存储时，如果保持图片质量而不需要进行透明背景处理，可以优先选择 JPG；如果需要进行图片透明处理，可以选择 PNG；如果不要使背景透明也不要求图片质量，可以选择 GIF，因为 GIF 是占空间最小的。

图 2-20　查看图标

图 2-21　字母图标

2.5 系列图标创意设计

有了规范以后，当掌握了单个图标的设计之后，就要开始学习制作一套好的系统图标。通过前面章节的学习，我们可以概括出好图标的特性包括三点，第一是好看，第二是识别性，第三是隐喻。那什么是好的系统图标呢？好的系统图标是在这三点的基础上，再加上特征和品牌两个属性，特征又包括了它自身的统一性和在其他方面的拓展性。在设计语言和风格都是非常统一的前提下，我们可以使用很多不同的表现手法，如有写实的，有抽象的，有画的，有照片的，有极简的，有复杂的等，为的是看起来更加丰富，在做系统图标时，一定要把握图标和界面高度匹配的设计原则，使得摆在一起时显得更加平衡。

2.5.1 扁平化的系列图标

扁平化风格来源于北欧设计，北欧风格以简洁著称于世。扁平的 UI 设计更加讲究用户体验、设计交互，而不是过渡的修饰，设计目的是让界面看起来更轻量，更适合多数用户使用。一套视觉设计非常统一的图标，会让图标看上去更专业，同时会增强用户使用的满意度。风格的统一包括造型的轮廓粗细的统一，颜色色调与调和的统一，

材质与纹理（肌理）的统一，当然也包括用词风格的统一，其他某种特定性主题的图标也可以延展出一系列的风格。例如图 2-22 是一套圣诞节的系列 ICON 设计，构思前期，通过头脑风暴圣诞节摘出以下关键词：圣诞老人、礼物、圣诞树、麋鹿、雪花、圣诞花圈、圣诞歌、圣诞果、蜡烛、聚餐、铃铛、雪人、红绿色、毛衣、袜子、烟囱、帽子、包装、欢乐、孤独、圣诞棍、礼花、情人、丝带、装饰球、白色、温馨、幸福、好玩有趣、送礼物、贺卡等。结合设计思维对脑暴后的词汇进行分组，选择出不多于三个的词汇作为执行方案。讨论后最终确定形象设计用圣诞老人、圣诞树、麋鹿这三个极具圣诞特色的形象进行设计，并在每个形象上增加了相应的圣诞元素作为点缀，以增添更浓郁的圣诞气氛。在此基础上形成综合设想，并在关键词中提取"好玩有趣"作为整体设计所要传达的理念。确定形象角色的元素后，我们充分利用现有的资料，大胆发挥想象进行创造，多进行市场调查，了解市场流行趋势，只有这样才能走在设计流行的前沿，抓住消费者心理，起到市场主要能动力的作用。

图 2-22 圣诞节系列 ICON

2.5.2 拟物化的系列图标

图 2-23 是一组以"80 后记忆"为主题的拟物化的系列 ICON。音乐的图标创意点来自那个年代特有的磁带；情景模式的图标创意来自电风扇的开关，因为在 80 后小的时候，空调还没有普及，所以大家对电风扇会有一种独特的情怀；图库的图标用的是邮票的边框，因为在互联网还没普及的情况下，人与人的交往更多的是依靠书信，所以精美的邮票也会被 80 后广泛地收藏。

图 2-23　80 后主题系列 ICON

　　总的来说，在 UI 的学习中我们要理论与实践并行，除了熟悉相应的理论知识外，还需要做大量的设计练习。把设计知识融于实际的工作中，这个过程中手要勤，眼要宽。手勤就是多练，业余时间去临摹成熟图标界面设计作品，再在合适的时机借鉴进实际的工作中。智慧源于心胸，心胸源于眼界，眼宽就是多去看设计网站以开拓自己的眼界，如上站酷（Zcool）、UI 中国、追波（Dribbble）（如图 2-24）等看看最新的 UI 作品。

站酷

UI中国

Dribbble

Behance

图 2-24　UI 设计参考网站

本章实训

作业 1：

实训内容：APP 上的 ICON 为什么是圆形的，而不是正方形或者矩形的

实训要求：以图进行对比说明，以 PPT 形式完成

实训提示：1. 图形 ICON 能够更好地帮助用户聚焦

　　　　　2. 弱化图标的差异性，让其变得更加规整

作业 2：

实训内容：分别设计一套线性图标、拟物图标、卡通图标和扁平图标

实训要求：尺寸符合标准规范；图标绘制精美；原创性

实训参考：图 2-25 和图 2-26

图 2-25　weather icon

图 2-26　flat icon

第三章
UI 界面的规范

本章知识要点：

3.1 常用单位介绍

3.2 移动界面尺寸规范

3.3 移动界面字体规范

3.4 界面色彩规范

本章学生必读书目：

[1]（美）Steven Hoober/Eric Berkman：移动应用界面设计 [M]. 机械工业出版社，2014.

[2] 吴治刚：视觉界面设计 [M]. 西南交通大学出版社，2015.

[3]（美）Dave Brown：苹果 APP 界面设计，你该知道的大小事 [M]. 电子工业出版社，2016.

应该完成的阶段任务：

1. 界面尺寸的规范。

2. 界面字体与颜色的使用规范。

Donald Norman 说过积极的情感增强了创造性和广度优先的思考，而负面的情感集中在认知上，增强深度优先处理并把干扰降到最少；积极的情感让人们更能容忍一些困难，在寻找解决方案的时候变得更灵活而有创造性。这也是为了当人们开始喜欢某些界面的时候，它们事实上会变得更可用。这一章我们主要一起学习 UI 界面设计的规范问题。

3.1 常用单位介绍

我们从用户可用性研究得出一个重要的结论：不能靠眼睛和直觉来设计。特别是对于刚接触 UI 的人来说，碰到最多的就是尺寸问题，例如画布要建多大的？文字应该用多大的？需要做几套界面才可以？云云种种，本节的任务就是帮助大家解决这些与尺寸相关的问题。从事设计的人都知道设计的单位决定了设计师的思考方式，在设计和开发过程中，应该尽量使用逻辑像素尺寸来思考界面。

3.1.1 分辨率

分辨率的单位有：dpi 点每英寸、lpi 线每英寸和 PPI 像素每英寸。从技术角度来说，"像素"只存在于电脑显示领域，而"点"只出现于打印或者印刷领域。分辨率就是手机屏幕的像素点数，一般描述成屏幕的"宽 × 高"，安卓手机屏幕常见的分辨率有 480×800、720×1280、

1080×1920 等。720×1280 表示此屏幕在宽度方向有 720 个像素，在高度方向有 1280 个像素。显示分辨率是屏幕上显示的像素个数，屏幕尺寸一样的情况下，分辨率越高，显示效果就越精细。

3.1.2 英寸

图 3-1 中屏幕大小，是手机对角线的物理尺寸，以英寸（inch）为单位，英寸是个长度单位，在荷兰语中的本意是"大拇指"。1 英寸等于 2.54 厘米，大约是食指最末端那根指节的长度，比如"5.2 寸大屏手机"，就是指对角线的尺寸即 5.2 寸 ×2.54 厘米 / 寸 =13.8 厘米。

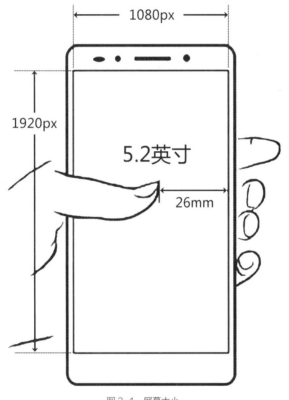

图 3-1　屏幕大小

3.1.3 像素密度

像素密度（PPI）是 Pixeis per inch 的缩写，是每英寸的像素点数，准确地说是每英寸的长度上排列的像素点数量，PPI 数值越高，即代表显示屏幕能够以越高的密度显示图像，所以像素的数值越高当然显示越细腻。

3.1.4 其他单位

其他需要注意的单位如 px 是屏幕的像素点；pt 是磅，1/72 英寸；dp 是一个基于 density 的抽象单位，比如一个 160dpi 的屏幕，1dp=1px；dip 等同于 dp。

3.2 移动界面尺寸规范

图 3-2 是 iPhone 界面尺寸，320×480 像素、640×960 像素、640×1136 像素；iPad 界面的尺寸，1024×769 像素、2048×1536 像素。在设计的时候，并不是每个尺寸都要做一套，尺寸按自己的手机尺寸来设计，会比较方便预览，一般用 640×960 像素或者 640×1136 像素的尺寸来设计。

图 3-3 是 iPhone 的 APP 界面，一般由四个元素组成，分别是：状态栏、导航栏、主菜单栏以及中间的内容区域。本章以 640×960 像素的尺寸为例子来讲解：状态栏是信号、运营商和电量显示手机状态的区域，高度为 40px；导航栏显示当前界面的名称，包含相应的功能或者页面间的跳转按钮，高度为 88px；主菜单栏类似于页面的主菜单，提供整个应用的分类恰跳转，高度为 98px；内容区域展示应用提供的相应内容，事个应用布局变更最为频繁，高度为 734px。

设备	分辨率	PPL	状态栏高度	导航栏高度	标签栏高度
iPone6 plus设计版	1242×2208px	401PPL	60px	132px	147px
iPone6 plus物理版	1125×2001px	401PPL	54px	132px	147px
iPone6 plus物理版	1080×1920px	401PPL	54px	132px	147px
iPone6	1750×1330px	326PPL	40px	88px	98px
iPone5-5C-5S	640×1136px	326PPL	40px	88px	98px
iPone4-4S	640×960px	326PPL	40px	88px	92px
iPone&iPad Touch第一代、第二代、第三代	320×480px	163PPL	20px	44px	49px

图 3-2　iPhone 屏幕尺寸

图 3-3　iPhone 的 APP 界面尺寸

图 3-4 是 iPhone 的 APP 界面的图标尺寸，启支影像是 640×960dpi， APP 图标是 114×114 像素，Spotlight 搜索小图标尺寸是 58×58 像素。

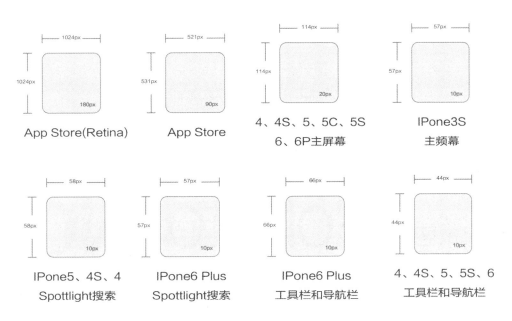

图 3-4　iphone 的图标尺寸

3.3 移动界面字体规范

文字设计是界面设计中最细节的部分，也是最不可忽视的基础部分。在界面设计过程中要考虑两大因素：文字辨识度和界面的易读性。在任何一个有效的界面里，具有层次的设计可以将界面上重要的部分与次要的部分区分开来，可以从对齐、间距、颜色、缩进和字体等方面做文章。当所有这些都调整运用得适当时，可以提高整个界面的可读性。相比在一个很直白的界面上用户一眼就可以从上瞟到底的设计而言，这样的分明的设计也可以让用户慢慢地阅读。很多刚做 APP 界面的设计师，经常会因为字号、字体颜色、间距而困扰。拿到设计需求后，开始进行设计，不知道从何去调整界面的字号和行间距等。容易碰到的问题是页面和页面的字号调着调着就大小或颜色不统一了，并且容易导致设计稿反复的修改，设计出来的效果图文字左右间距参差不齐，与预期不符等。这一节我将和大家理一理界面中常用的字体、字号、字体颜色及间距对齐的一些小经验。在不同平台的界面设计中规范的字体有所不同，像移动界面的设计就会有固定的字体样式，以下是在 72 像素 / 英寸屏幕下的规范。

3.3.1 界面设计中的常规字体

界面中的每一个文字、每一个字符都很重要。好的文本就是好的设计，文本是最根本的界面，需要我们设计师来塑造和打磨这些信息。字体之间最大的差异并不在于有无衬线，而在于字体与字体之间形体的差异。但是很多字体（特别是英文字体）之间差异不大，有些新字体甚至是对已有字体进行了细微的改造后产生的，于是，就把字体分成了几个大的系列，同一个系列中的字体大体相同，称作通用字体系列。其中包括以下五个系列：

serif：带衬线字体。Times New Roman 是默认的 serif 字体，中文字体的话，是宋体、仿宋之类的字体。

sans serif：无衬线字体。Arial 是默认的 sans serif 字体，中文字体中，微软雅黑、黑体等都是这类字体。

monospace：等宽字体。这个字体里面的每个字母都有相同的宽度，通常用于显示程序代码等。Courier 是默认的 monospace 字体，而对于中文，每个汉字都是等宽的。

cursive：模仿手写字体。手写体，比较有个性，通常用于标题、logo 等等。这个字体系列没有默认字体，英文来说，通常用 Comic Sans，中文的话，行书系列、草书系列的字体等，都可以算作手写字体。

fantasy：装饰用字体。多数用于标题，极具个性，字体繁多，为艺术字体。无法对其大小、形状下一个统一的定论，所以没有默认字体，在网页中，也通常很少用到，除非你有特殊的创意性的设计。

字体是一门工艺，在移动 UI 设计中，选择合适且漂亮的字体是非常重要的一件事情，无论是哪个系统都应尽量使用无衬线字体，因为无衬线字体在移动端的显示效果较好，改变字体的大小不会对文字的识别造成太大的影响。在设计中如果使用的是 Photoshop，IOS 系统默认的中文字体是华文黑体或者冬青黑体，尤其是冬青黑体效果最好（图 3-5，IOS 中文字体），在设计稿中最接近的中文字体为黑体（简），英文是 Helvetica。图 3-6 表明 Android 系统英文字体选用的是 Roboto，中文字体选用的是 Noto，这是谷歌自己的字体，与微软雅黑、方正兰亭黑很像，在 APP 设计中的中文字体大多采用方正兰亭细黑，因为 Google 的 Roboto 字体在小屏上依然清晰可辨，增加了视觉识别度（图 3-7， Roboto 字体）。

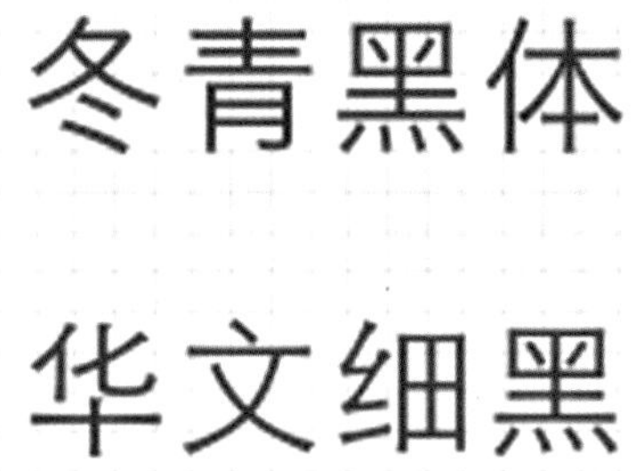
冬青黑体
华文细黑
图 3-5　IOS 中文字体

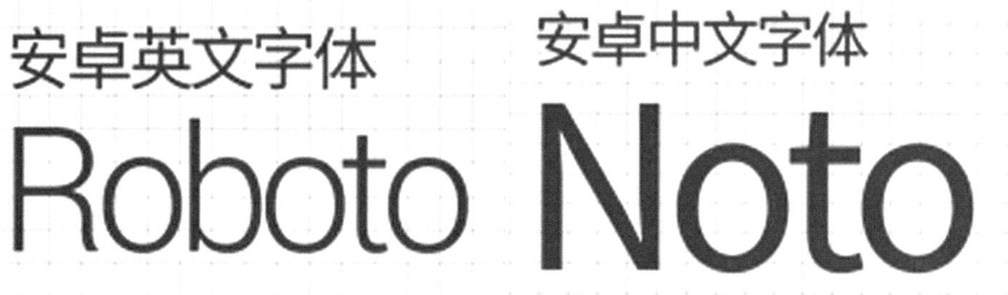
安卓英文字体
Roboto
安卓中文字体
Noto
图 3-6　Android 系统字体

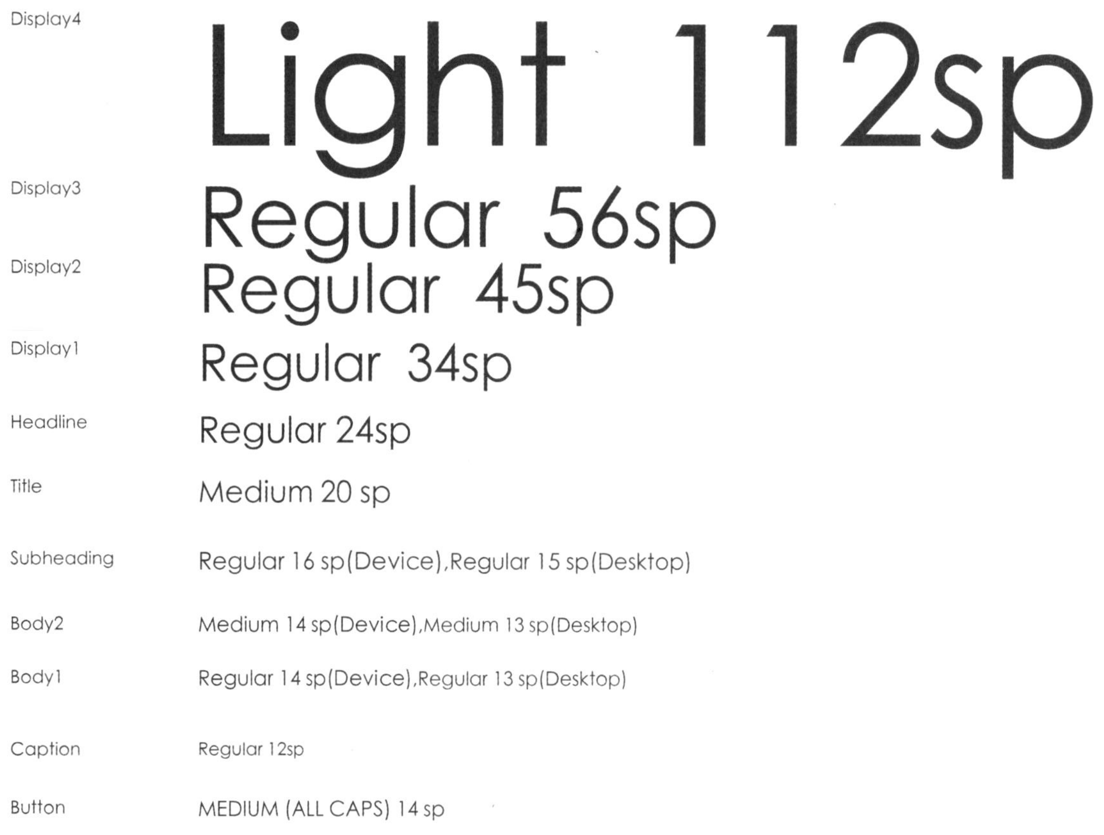
Display4
Light 112sp
Display3
Regular 56sp
Display2
Regular 45sp
Display1
Regular 34sp
Headline
Regular 24sp
Title
Medium 20 sp
Subheading
Regular 16 sp(Device),Regular 15 sp(Desktop)
Body2
Medium 14 sp(Device),Medium 13 sp(Desktop)
Body1
Regular 14 sp(Device),Regular 13 sp(Desktop)
Caption
Regular 12sp
Button
MEDIUM (ALL CAPS) 14 sp
图 3-7　Roboto 字体

3.3.2 界面设计中的常规字号

由于移动设计备空间小，环境光通常比较微弱，所以在字体与字号的选择上更要多注意。文字大小只是一个范围，这要根据设计的视觉效果来决定，字体大小没有严格标准，但在 APP 设计中，涉及 4 种字号——40px、32px、28px 和 24px，字号要用偶数，都是 4 的倍数。图 3-8 是淘宝界面常用的字号，可以供大家学习参考：顶部操作栏文字大小 34—38px，标题文字大小 28—34px，正文文字大小 26—30px，辅助性文字大小 20—24px，Tab bar 文字大小 20px。

网页中文字字号一般都是宋体 12px 或 14px（无状态），大号字体用微软雅黑或黑体。大号字体是 18px、20px、26px、30px，一般使用偶数字号，奇数的字号在显示的时候会有毛边。这里需要给大家普及一下 px 的概念。px 指像素单位，10px 表示 10 个像素大小，常被用来表示字号，很方便很直观，但是有一些弊端。浏览器的默认字号 16px，早期的网页，由于屏幕分辨率比较低，通常采用 12px 作为网页正文的标准字号。但是在现在看来，感觉有点偏小，对比较长的文章来说，浏览者看起来比较费劲。所以现在一般使用 14px 作为标准字体，16px 作为中等字体，18px 作为较大字体，12px 作为偏小字体比较合适。

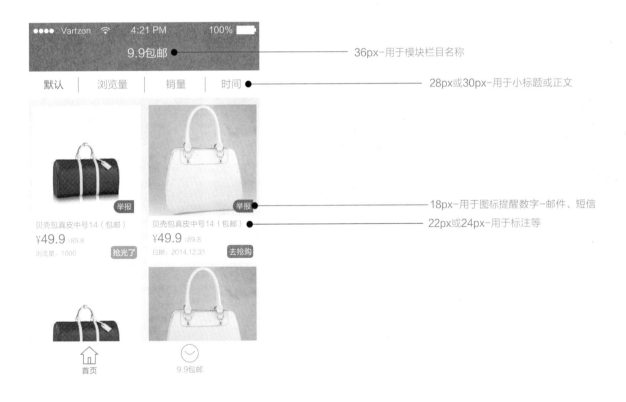

图 3-8　淘宝页面设计

3.3.3 界面设计中的常规间距与行宽

以 iPhone5 为例子，左右距离手机屏幕边缘各 30px，列表内图标上下左右间距 30px。行宽是一行文字的长度，舒适阅读的理想行宽是 50 个字符左右，行距的大小取决于文字的设计和间距；行距是行之间的空间，行距过紧或过宽都会给用户造成阅读障碍，标准的行距是 1.4EM，在移动端界面设计中，我们通常用 x 的高度来代表；字间距没有固定的数值，我们在界面设计时追求易读性原则，通常不会调整字间距。

3.3.4 界面设计中的常规字体颜色

在界面中的文字分为三个层级，包括主文、副文、提示文案等。在白色的背景下，字体的颜色层次其实就是黑、深灰、灰色。常用的色值是 #333333、#666666、#999999（如图 3-9）。

 灰色 #999999　　 深灰色 #666666　　 深黑色 #333333

图 3-9　字体颜色

3.4 界面色彩规范

颜色的选择是一件十分重要的事情，由于它的高分辨率性，它对界面的影响举足轻重。色彩规范一向是 UI 界面设计的难题所在，平衡的色彩运用可以更满足用户的视觉需求，颜色是有情感的，不同的色彩可以给用户带去不同的印象跟感受，加上用户本身对颜色有偏好，所以在为 APP 界面设计进行配色的时候，需要考虑到用户的喜好跟配色给用户带去的视觉感受（如图 3-10）。

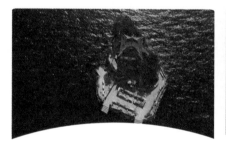　　

色相差
而形成的配色方式

色调调和
而形成的配色方式

对比配色
而形成的配色方式

图 3-10　APP 色调

如果想让界面给人简洁整齐、条理清晰的感受，依靠的就是界面元素的排版和间距设计，还有色彩的合理、舒适度搭配。在移动端界面设计中通常需要选取主色、标准色和点睛色。主色虽然是决定画面风格的色彩但不会被大面积使用，通常在导航栏、部分按钮、ICON 和特殊页面等地方出现。统一的主色调决定画面的风格趋向，容易让用户找到品牌的归属感，例如网易红、腾讯蓝、京东红和阿里橙。例如针对软件类型以及用户工作环境选择恰当色调，比方说绿色体现环保，紫色代表浪漫，蓝色表现时尚等等；图 3-11 是 360 安全路由的 APP，它的主页如下，所有页面布局的颜色色调都统一，这样用户在使用时，会感觉统一、易学。从中我们可以看出主色并不一定只能有一个颜色，它还可以是一种色调或是几种邻近色。

图 3-11　APP 色调

标准色指的是整套移动界面的色彩规范，确定文字、线段、图标、背景等的颜色。点睛色通常会用在标题、按钮、ICON 等地方，一方面起到强调和引导阅读的作用，另一方面可以强调金额与文字，如图 3-12 支付宝的支付页面。如果主色用相对沉稳的颜色，点睛色采用一个高亮的颜色，起带动页面气氛，强调重点的作用，通过鲜艳的色彩来提醒需要用户关注的内容。现在很多天气、记事、时钟类的 APP 的设计，常常采用色彩进行区分。整个界面的色彩尽量少使用类别不同的颜色，以免眼花缭乱，反而让整个界面出现混杂感，界面需要保持干净。基本选择两个颜色即主色和辅色，主色选择很重要，每一个主题都有一个适合的颜色，旅游类的多采用蓝绿色系，女性偏好的颜色有红色、粉红色等，所以一些女性类的 APP 设计通常会使用这些颜色，比如说美柚。而设计风格的配色除了注意男女的喜好差别之外，还要重视冷暖色彩跟明暗亮度的搭配给用户带去的印象跟心理感受。最后进行设计的时候，我们不能忽视了色盲色弱群体。所以在界面设计的时候，即使使用了特殊颜色表示重点或者特别的东西，也应该使用特殊指示符、着重号以及图标等。

图 3-12　支付宝支付页面

本章实训

作业 1：

实训内容：设计一个登录按钮

实训要求：字体与字号及线框尺寸设置合理

实训参考：图 3-13 登录按钮

作业 2：

实训内容：设计某银行 APP 的汇款界面

实训要求：字体与字号及线框尺寸设置合理

实训提示：从用户的角度去思考，设身处地地挖掘用户在实际操作过程中会遇到的问题，准确清晰地为用户提供他真正需要的信息。

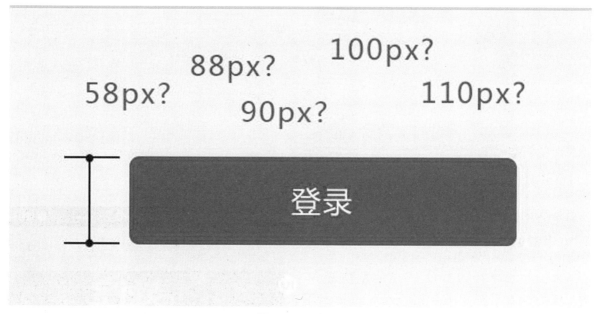

图 3-13　登录按钮

第四章
界面基本组成元素设计

本章知识要点：

4.1 UI 界面的框架设计

4.2 UI 界面的网格设计

4.3 UI 界面的导航栏设计

4.4 UI 界面的控件元素设计

本章学生必读书目：

[1] 薛澄岐：复杂信息系统人机交互数字界面设计方法及应用 [M]. 东南大学出版社，2015.

[2] （日）原田秀司：多设备时代的 UI 设计法则：打造完美体验的用户界面 [M]. 中国青年出版社，2016.

本章应该完成的阶段任务：

1. 移动端导航栏的分类。

2. UI 界面的控件设计。

移动 UI 设计中一项很基本的工作就是界面设计，但是，如果一开始就是从界面这个概念去入手的话，大家往往会觉得无从着手。同时又由于移动设备的屏幕大小有限，不能把所有的东西都直接放置在界面上，移动界面的设计就变得具有挑战性。所以，本章把界面拆分成几个模块——框架、导航和内容，这样方便大家学习和理解。

4.1 UI 界面的框架设计

手机框架 UI 设计应该简洁明快，尽量少用无谓的装饰，应该考虑节省屏幕空间、各种分辨率的大小、缩放时的状态和原则，并且为将来设计的按钮、菜单、标签、滚动条及状态栏预留位置。在手机 UI 设计中将整体色彩组合进行合理配置，将手机商标界面放在显著位置，主菜单应放在左边或上面，滚动条放在右边，状态栏放在下面，以符合视觉流程和用户使用心理。"框架"在界面设计的整个组成部分中是比较简单的一个部分，因为现在 iOS 和 Android 平台都有比较成型的规范，所以界面设计的重点并不在框架上。

对于 Android 而言，框架最主要就是工具栏，然后我们需要考虑的是工具栏上放置什么功能入口。

工具栏一般有：顶部工具栏（图 4-1）、悬浮工具栏（图 4-2）和底部工具栏（图 4-3）。对于顶部工具栏而言，需要预留位置给标题，最左边的位置要预留给汉堡菜单、返回按钮或者品牌 LOGO。所以需要自定义的就是右边的区域，不过这里不建议摆放过多按钮，关于这里放置什么按钮，是没有一套成型的理论的，根据实际界面来规划即可。不过一般来说只会放置最常用的按钮，然后把剩下的按钮折叠起来；或者可以参考竞品的习惯，毕竟用户也是有使用惯性的。对于悬浮工具栏和底部工具栏，限制没有顶部工具栏那么多，所以这里的设计大多就是八仙过海各显其能。需要注意的是，悬浮工具栏和底部工具栏都只是选用的，但是顶部工具栏是必须要有的。

图 4-1　顶部工具栏

图 4-2　悬浮工具栏

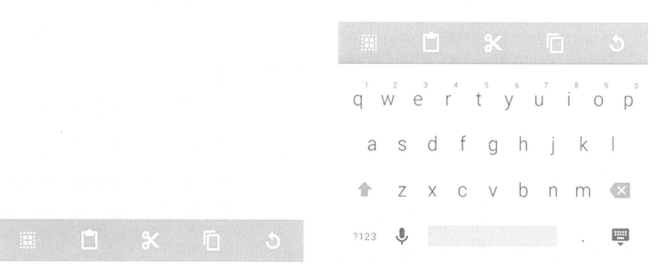

图 4-3　底部工具栏

页面布局的工作，顾名思义就是确定每个页面有哪些元素，它们的位置、顺序、分组，要突出什么元素，弱化或隐藏什么元素。常见界面布局有底部导航（图 4-4）、顶部导航（图 4-5）、侧面导航（图 4-6）和块状导航（图 4-7）。优秀的布局需要对页面信息进行完整的考虑，既要考虑用户需求，也要考虑信息发布者的目标，一般像 QQ、微信等都是用的底部导航，协助用户了解他在哪个位置，以及可以到何处去。

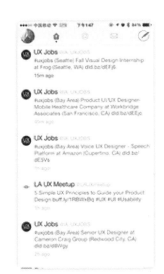

图 4-4　底部导航　　　　　图 4-5　顶部导航　　　　　图 4-6　侧面导航　　　　　图 4-7　块状导航

4.2 UI 界面的网格设计

随着信息和技术的发展，手机屏幕越来越大，界面开始承载越来越多的信息，繁复的界面装饰细节，让 UI 界面显得越发臃肿。曾经 UI 界面设计会以界面的真实性来吸引用户的眼球，分辨 UI 界面设计层次的高低会通过细腻的质感和光影来体现，但随着扁平化潮流袭来，拟物的真实性的表现手法将逐渐被替代，接下来我们靠什么来吸引我们的用户，为用户创造良好的阅读和使用体验呢？网格设计是将 UI 界面的信息快速传递给用户的桥梁，发挥网格设计的特点和功能，会使整个 UI 界面从视觉到内容的完善性和美观性得到质的提高。在 UI 界面设计中，常见的网格形式有九宫格网格、圆心点放射形网格、三角形

网格等几大类别。UI 界面设计中的网格更加强调其功能性、可操作性和可交互性，在选择网格的种类时也必须考虑到功能特性、目标用户和使用场景等因素。

4.2.1　九宫格网格构图

九宫格网格布局是目前最常用的一种方式，主要运用在分类为主的一级页面，起到功能分类的作用。通常在界面设计中，我们会利用网格在界面进行布局，根据水平方向和垂直方向划分所构成的辅助线，设计会进行得非常顺利。九宫格给用户一目了然的感觉，操作便捷是这种构图方式最重要的优势，像携程、途牛和支付宝等都用的是九宫格的布局（如图 4-8）。

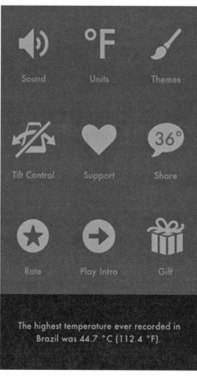

图 4-8　九宫格网格

在界面设计中，与九宫格相同的空间内，网格可以容纳更多的入口，但是容易造成视觉上的负担，所以，当图标过多的时候，需要进行分组展示。一种常见的网格是竖向的瀑布流，这种布局在图片应用中格外常见；还有一种比较少见，是一种横向的瀑布流，横向的瀑布流一般只有一列，但是可以横向拓展，可以"左拉"出更多内容，如图4-9是美团APP的图标。

图4-9 美团APP图标

4.2.2 圆心点放射形构图

圆是有圆心的，在界面中，往往通过构造一个大圆来起到聚焦、凸显作用。放射形的构图，有凸显位于中间内容或功能点的作用。在强调核心功能点的时候，可以试着将功能以圆形的范式排布到中间，以当前主要功能点为中心，将其他的按钮或内容放射编排起来。我们将主要的功能设置在版式的中间位置，就能引导用户的视线聚集在想要突出的功能点上，就算用户视线本来不在中间的位置，也能引导其再次回到中心的聚集处。

在界面设计中，圆形的运用能使界面显得格外生动，多数可操作的按钮上或交互动画中都能见到圆形的身影。

因为圆形具有灵动、活跃、有趣、可爱、多变的特质。在界面设计中善于将圆形的设计与动画结合，能让整个软件生动起来。如再加上旋转围绕的动画，会让整个软件生动起来。界面中的圆形能集中用户的视线，引导点击操作，突出主要的功能点或数据，把产品核心展现出来。如果要体现的功能点非常简单，只有几个功能按钮的时候，可尝试这种大圆的展示设计，突出最重要的功能，然后罗列并排出其他的功能点。这种方式非常实用，就和画重点一样，圈出最重要的数据。善于运用大圆构图，能撑起整个画面，让界面圆润而饱满（如图4-10）。

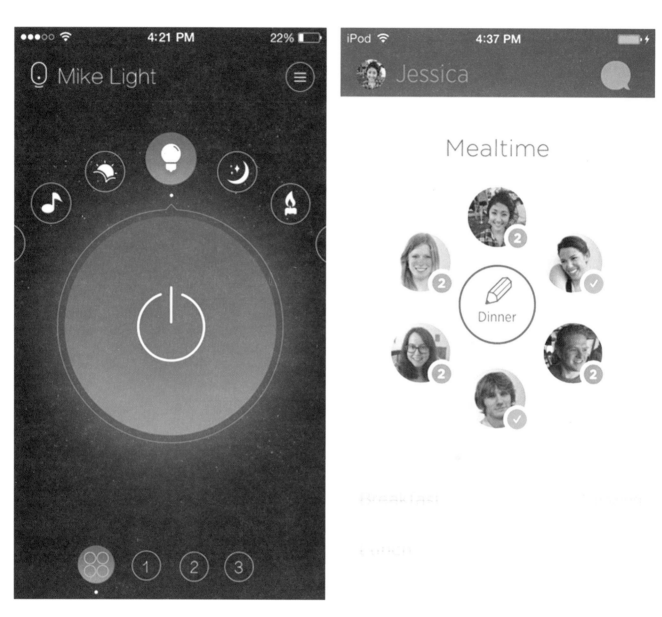

图 4-10　圆心点构图

4.2.3 三角形构图

三角形构图这类构图方式主要运用在文字与图标的版式中，能让界面保持平衡稳定。如图 4-11，从上至下式的三角形构图，能把信息层级罗列得更为规整和明确。在界面中三角形构图大部分都是图在上，字在下，阅读更为舒服，有重点有描述。

版式设计硕士 Robert Bringhurst 在他的杰作《版式设计基本原理》中说："版式设计是为了凸显内容。"版式设计得好，可以为你在用户的印象中加分，设计得不好则会阻碍你和用户的交流。移动界面按照其产品功能可以分为两大类：信息展示型界面和功能操作型界面。

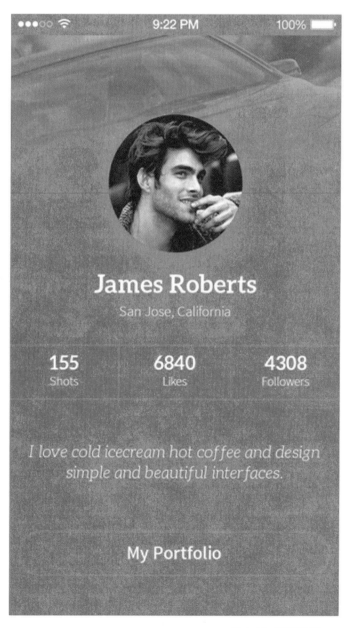
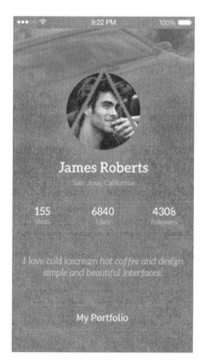

图 4-11 三角形构图

1. 信息展示型界面。

我们常见的以阅读和传递信息为主的界面有新闻、天气、阅读、购物、音乐、食谱、健康等，另外还有新手引导页也是比较常见的以传递信息为主的页面。而这些 APP 又基于其不同的功能特点，界面的版式也有各自的特点。

（1）以浏览引导为主

以浏览引导为主的界面在布局上会有一个明确的主线，而在常见的版式布局中，上下分割型、左右分割型、中轴型、曲线型等布局在图文的排版上对于用户会有一个潜在的引导提示，因此应用比较广泛。如图 4-12 个人中心书籍的界面和图 4-13 菜单的界面，虽然是不同的场景和功能，但都采用中轴型布局，即图片和文字按垂直方向排列，引导用户从上往下浏览，结构层次非常清晰。

图 4-12　书籍的界面

图 4-13　菜单的界面图

（2）以品牌传递为主

对于以品牌传递为主的界面，更适合采用满版型、重心型、自由型等布局样式。满版型是用图片充满整个版面，视觉效果直观而强烈。如图 4-14 堆糖的界面和图 4-15 下厨房的界面即采用了满版型的布局，利用全屏的图片和简洁的文案传递出产品的气质和理念，同时给人大方、舒展的感觉。

图 4-14　堆糖引导页面

图 4-15　下厨房引导页面

对于注重提高浏览效率的界面，通常界面中包含了较大的信息量，如何把信息快速、准确地传递给用户，避免他们用得烦躁和困扰呢？这类应用中比较典型的是新闻、资讯以及图库等 APP 的界面，我们在设计时可以借鉴骨骼型的版式。骨骼型是一种规范、理性的分割方法，在杂志排版中我们常见的骨骼有竖向通栏、双栏、三栏、四栏等。通过图文的混合编排呈现理性而严谨的感觉，在信息的传递上更为快速、清晰。如图 4-16 搜狐新闻的 APP，采用竖向分栏的布局，模块化的结构使得信息的展现整洁和严谨。如图 4-17 是一个衣服的 APP，则采用了三栏的布局，把图片以这种瀑布流的形式展现给用户，方便用户快速浏览。但是由于平级的信息，很难区分主次，而人的视线很难在同一时间聚焦在两个或者两个以上的事物上，所以通过图片错路排列，使得画面更为活泼。

图 4-16　搜狐页面

图 4-17　图片库

（3）以信息展示为主

　　以信息展示为主的界面，比较常见的有记录型、天气类 APP 等，这类 APP 界面更强调信息的直观性。在这类 APP 中应用较多的布局有满版型、上下分割型、左右分割型、中轴型、对称型、自由型等。图 4-18 是记步的界面，图 4-19 是天气预报的界面，两个图例虽然都以信息的展示为主，但因界面的信息量不同、APP 的功能特性因素的影响，图 4-18 的运动记录界面信息量比较小，采用了中轴型布局，而图 4-19 的天气 APP 信息量比较大，采用了满版型布局。合理的布局选择对于信息的展示有至关重要的作用。

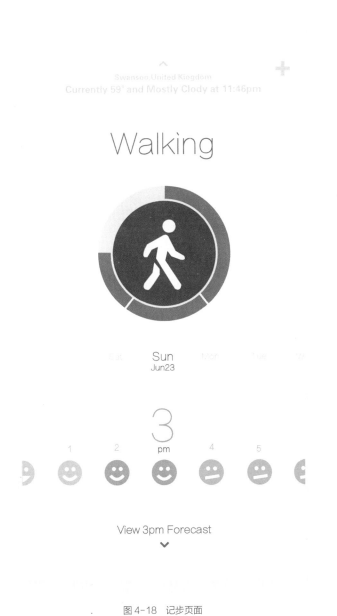

图 4-18　记步页面　　　　　　　　　　　　　　　　图 4-19　天气页面

2. 功能操作型界面。

　　以功能操作为主的界面主要是引导用户操作，所以常见的布局主要有上下分割型、左右分割型、中轴型等。图 4-20 是一个注册页面，采用了中轴型的构图，清晰地展现了操作项和注册流程。图 4-21 是玩图的界面，它采用了上下分割的版面构成，上面为图片展示，下面为选项和操作，结构非常清晰。

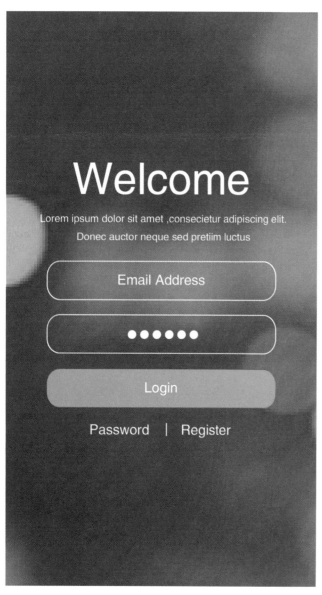

图 4-20　注册页面

图 4-21　玩图的界面

4.3 UI 界面的导航栏设计

导航是界面设计中的一个重要组成部分，也是交互体验的核心，同时是激发创意、创造良好视觉设计的基础。导航栏菜单的设计就像设计交通标识，清晰地指明方向，让用户可以更方便、直接地定位目标，是用户获取所需内容的快速途径。关于导航的设计模式，已经有很多了，网页设计自然不用说，即便是相对"新兴"的移动应用界面，可选择的导航设计模式也有很多。这是为什么将导航设计视为用户体验的基本要素。移动端设计限制颇多，需要在小的空间排列出大量数据，因此，移动端的导航设计更加需要用心。5 寸以上的大屏手机已经成为移动设备的标准配置，在之前的导航设计上，功能性按钮一般被置在顶部，而类似于 MONO 等应用都选择了将主要功能置底，从而缩短了点击路径，提高了使用效率。

4.3.1 导航设计的原则

1. 信息可传达性：移动应用的导航功能可以说是所有界面最重要的组成部分，因此一定要保证信息的可传达性，并把最关键的要素尽量突出，同时不要影响到内容本身，

确保菜单、操作栏、弹窗、按钮、箭头、链接等导航要素简单明了，让用户一看就知道是什么意思以及操作结果是什么。不要弄得太过花哨，因为用户没有耐心去"猜"。

2. 易于理解性：如果你想设计比较高级的导航功能（例如链接图片、允许滑动或其他手势导航，或者访问隐藏菜单），请务必在设计过程中保证前后一致，以便用户熟悉你所使用的模式，同时还应加入一些额外的信息（例如小箭头、文字或改变颜色或高亮等）来吸引用户注意力，并以微妙的方式对用户进行引导。不要给用户呈上"看得见摸不着的导航功能"。

3. 统一性原则：导航功能应当以一定的形式显示于移动应用的各个界面。各个导航模式不一定要完全相同，但其基本结构应当在应用内保持一致，可以根据背景进行小幅度的调整。

目前，如图 4-22，导航栏按排列方式可分为列表式和网格式（矩阵）两大类，再由此演变成其他类别，如标签导航、舵式导航、抽屉导航、组合导航、tab 导航、轮播导航等。

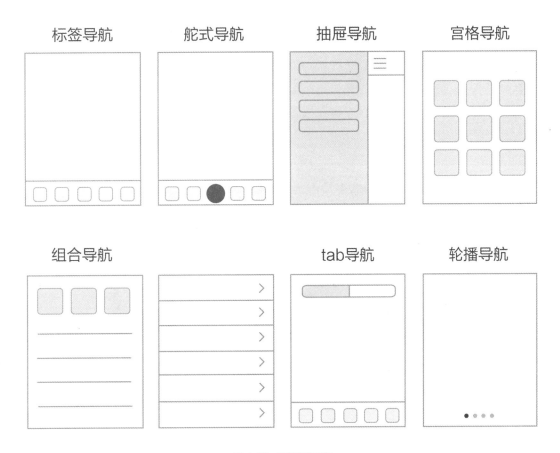

图 4-22　导航栏的种类

4.3.2　列表式导航

列表式导航是最常见的主导航模式之一，又可分为分组列表、个性化列表、行内扩展式列表和增强性列表，列表菜单很适合用来显示较长或拥有次级文字内容的标题。这种导航设计解决方案主要是将链接逐条排列，让用户按照习惯，从顶部到底部导航（如图 4-23）。识别性是列表式导航最重要的衡量准则，因为它承载了产品大量的数据信息，相当于产品的语言元数据，只有具有共同的语言元数据，才有可能促使产品做到真正意义上的不言而喻。

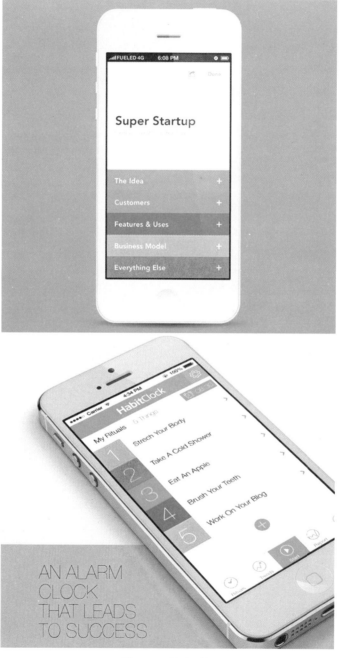

图 4-23　列表式导航

4.3.3 平铺式导航

平铺式导航很容易给用户带来高大上的视觉体验，最大程度地保证了页面的简洁性和内容的完整性，前提是你的信息足够扁平（如图 4-24）。例如 PChouse 是一个家居杂志的 APP，杂志休闲随意的特质，非常适合平铺式导航，最大限度地保持了图片的完整性。

图 4-24 平铺式导航

4.3.4 宫格式导航

网格式导航能占据整个屏幕，将界面的重点放在导航上，让导航更清晰明显。当导航项过多的时候，最典型的就是美图类应用，如美图秀秀、百度魔拍；在二级目录用九宫格，如旅游类应用，如携程、去哪儿、支付宝等。这种导航模式现在越来越少用了，在首页只有导航而没有实际的内容，和以内容为主的趋势相悖。这种方法非常实用，可通过等距的网格线整齐分割导航项。这种导航非常常见，但不常用，因为宫格式导航的缺点是信息互斥（如图4-25）。

图4-25　宫格式导航

4.3.5 抽屉式导航

在以阅读信息为主的产品中，许多产品采用了向上或向右滚动隐藏操作按钮，滚动停止或者页面回滚时再次出现的交互方式，这种贴心的设计最大化地减少了视觉干扰。抽屉式导航更多地应用于信息流产品的设计中，这类产品注重核心内容的展示。抽屉式也称为扩展式导航，导航强调内容，凸显内容，弱化导航界面，它是一种化繁为简的"超级整理术"。抽屉式导航在形式上一般位于当前界面的后方，通过左（右）上角或者滑动手势呼出。带有动画效果，形式上比较吸引眼球。由于导航界面隐藏在屏幕之外，展开之后整一页面都是导航菜单内容，所以可扩展和个性化的空间很大。但是这种方式有利也有弊，由于是整个导航的隐藏，一是用户不易发现，二是给用户在切换功

能时带来了操作成本。抽屉式导航多应用于信息流产品设计，"2/8"法则告诉我们，80%的用户只重视20%的功能，这20%的功能就是信息流里的核心功能，到达导航菜单界面之后也需有明确的提示告知用户当前位置，防止用户"迷路"，这也是许多抽屉式右（左）侧留有前界面的原因，如图4-26。从长远来看，未来很多APP都将更加专注于让用户减少操作，关注内容，并且在页面的设计上更加具有层次感，在空间上会有更多的尝试。这种导航在社交的应用中最常见，比如Facebook、path，购物类的应用如亚马逊、知乎客户端等，在iOS和Android平台上都比较常见。

手机产品的导航设计需要在明确了设计总体框架和结构后，根据硬件的特点和用户的使用习惯进行设计，通过理性的架构分析，感性的体验设计，好的导航能让界面设

计事半功倍。导航设计的步骤主要有三个流程，首先是 APP 框架的整理，其次是框架层级判断，最后是导航具体表现形式。这块内容在第五章界面设计的流程里会有详细说明。

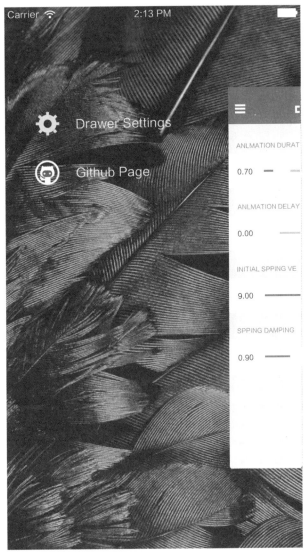

图 4-26　抽屉式导航

4.4 UI 界面的控件元素设计

控件，指的是通过直接操作而实现控制的物件。从具体属性出发，应该具备两个基础特征: 可接触、可改变状态。而友好且易用的控件应该是无害的不费劲的，并且有反馈且令人愉悦的。控件元素在 UI 界面中不仅仅拥有自己的功能，还能在一定程度上影响到整体的设计以及用户体验度。在产品的交互设计中，恰当使用控件元素才能够让手机界面设计变得更好，让产品变得更加优秀（如图 4-27，

播放器控件）。根据功能划分，控件可分为以下五类:

1. 触发操作: 按钮、滚动条、手柄等。

2. 数据录入: 文本框、复选框、滑块等。

3. 信息展示: 气球提醒、加载器、进度条、启动页、工具提示等。

4. 容器: 窗口、tab 标签页等。

5. 导航: 面包屑、导航条、分页器等。

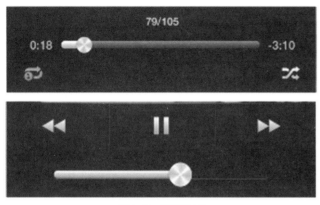

图 4-27　播放器控件

4.4.1 按钮跟按钮样式

按钮是一个最普通的元素，是我们几乎每天都要接触的设计元素，APP 里的按钮有四种属性，分别为一般、点击、不能点击、选中。按钮规范因不同功能和场景需要，设计不同的样式和颜色，根据手指点击的尺寸，它可以划分为长、中、短三类；而且按不同手机平台尺寸也有所不同。MIT TOUCH LAB 的研究结果表明手指接触面积平均为 10MM—14MM，指尖平均为 8MM—10MM，所以最佳的尺寸设计为 10MM×10MM。图 4-28 表示按钮在不同平台有不同的表现形式，在 Android 是返回按钮，点击即可返回上一个屏幕。iPhone 上没有这样的按钮，通常在屏幕左上角放置返回键，让用户可以回到先前的屏幕。在整体设计过程中，如果把图标和文字综合在一起，可以减少很多歧义，比如下箭头是表示向下还是下载。为了让用户理解设计者的意图，最好在图标上配上文字，如果空间实在不够，可以用悬停图标提示文字的方式展示。按钮上的文字标签主要是告诉人们这个按钮能做什么，清晰明了地说明点击之后将会发生什么事情。按钮体验设计总是关系到识别性和明确性的问题，所以它是一个很重要的角色。

图 4-28　基础按钮

1. 浮动动作按钮（Floating action buttons）。

通常，根据网站或者 APP 的整体风格，我们会把按钮设计成矩形或者图角矩形。浮动动作按钮最传统的有边框的按钮，阴影厚重明显。仅应当用于背景或谨慎用于卡片上，不应当用在警告框或弹出框上，因为使用该按钮，会创建一层视觉深度。其填充颜色一般使用 APP 的主色，下一种按钮通常使用辅助的颜色。

2. 扁平化按钮（Flat buttons）。

扁平化按钮通常使用 APP 的主色，无边框，通常使用间距和大写字母来强调不同内容之间的分离关系。扁平化按钮在外观上完全扁平化，没有层级深度和阴影。主要按钮有填充颜色，次级按钮反转颜色，即有着主色的边框和文字。该方案有时会受到一定限制，特别是用于标签栏等元素时。使用这种设计模式，必须对不同的颜色在 APP 中分别代表什么有一个清晰的概念。扁平样式的按钮不会突出出来，但是在点击时会改变颜色。主要的优势在于界面简洁。

4.4.2 状态栏设计

UI 界面设计一般有选中状态和未选中状态，左边应为名称，右边应为快捷键，如果有下级菜单应该有下级箭头符号，不同功能区间应该用线条分割。滚动条主要是为了对区域性空间的固定大小中内容量的变换进行设计，应该有上下箭头、滚动标等，有些还有翻页标。图 4-29 的状态栏是对手机当前状态的显示和提示，显示运营商、信号和电量的区域高度为 40px。手机分辨率比桌面平台小很多，所以设计手机网站或是移动应用的时候，状态栏设计都需要考虑周全，尽量保持简约和易用性。

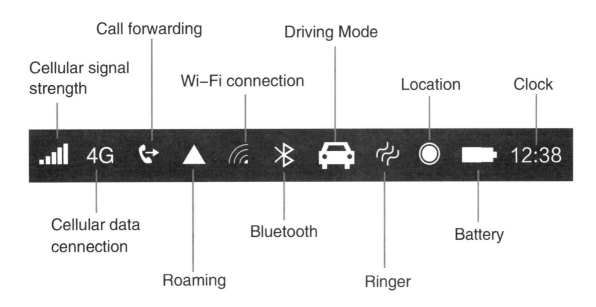

图 4-29 状态栏设计

4.4.3 进度条设计

在整个界面端口，速度很重要。页面加载速度和 UI 对操作的响应速度都直接关系到用户是否有耐心继续等下去。一个好的解决之道就是优化页图。具体来说有两种方法，一是显示进度条的设计；二是展示其他相关的东西来吸引用户的注意力。Loading（进度条）在 UI 界面设计中也是一门学问，所有进度条的功能在于注重细节，在设计界，细节决定作品的格调，细节是最能考验一个设计师的

技术的。有研究表示，用户能够忍受最长的等待时间大约在 6 秒，6 秒是一个临界点，如果页面响应超过了 6 秒，很多用户就会选择离开，除非他一定要打开那个页面。如果这个时候，加载界面有除了"加载"以外的东西来分散用户的注意力，就可以让用户在等待加载时不烦甚至高兴。图 4-30 是搜狗实验室的 LOGO，但是这个创意却做成了Loading，一方面减少了用户在等待中的焦虑感，另一方面也增加了它的品牌印象。

图 4-30 搜狗实验室的 LOGO

本章实训

作业 1：

实训内容：设计导航栏

实训要求：导航设计的目的是突出产品的核心

实训参考：图 4-31 列表形式的导航栏和图 4-32 图标卡片式导航栏

作业 2：

实训内容：进度条的创意设计

实训要求：让用户在等待过程中减少他们的焦躁

实训参考：图 4-33 彩条进度条和图 4-34 喇叭进度条

作业 3：

实训内容：按钮设计

实训要求：拟物化设计

实训参考：图 4-35 音量按钮

图 4-31　列表导航

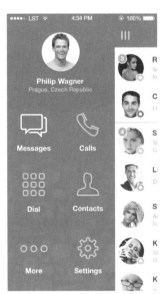

图 4-32　卡片式导航

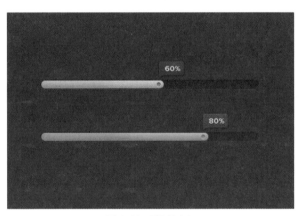

图 4-33　彩条进度条

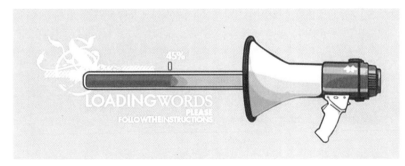

图 4-34　喇叭进度条

图 4-35　音量按钮

作业 4：

实训内容：输入界面设计

实训要求：扁平化风格设计

实训参考：图 4-36 拟物与扁平化风格的界面对比

实训提示：扁平化风格会更考验设计师的层级架构的理解能力、配色和布局能力，而不是单单考验设计师的绘画能力。

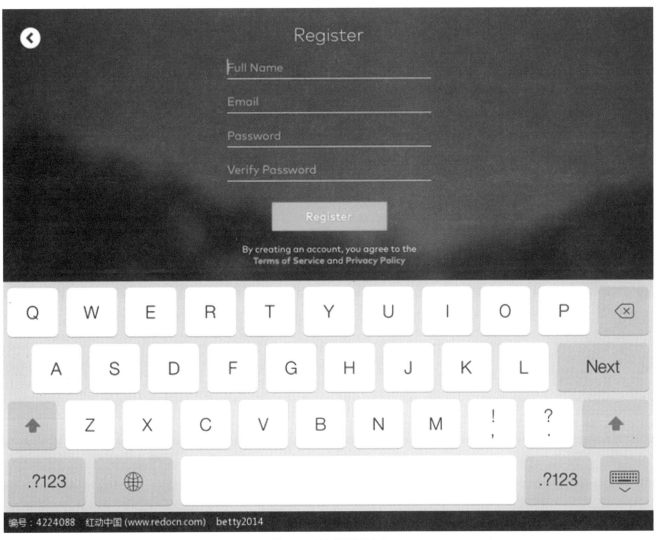

图 4-36 输入界面设计参考

第五章
UI 设计的基本流程及局部界面设计

本章知识要点：

5.1 界面结构的设计流程

5.2 交互设计基本流程

5.3 空状态界面设计

5.4 天气预报界面设计

5.5 日历界面设计

本章学生必读书目：

[1] 薛澄岐：复杂信息系统人机交互数字界面设计方法及应用 [M]. 东南大学出版社，2015.

[2]（日）原田秀司：多设备时代的 UI 设计法则：打造完美体验的用户界面 [M]. 中国青年出版社，2016.

本章应该完成的阶段任务：

1. 什么是 UI 界面设计的基本流程。

2. 信息架构的基本方法。

5.1 界面结构的设计流程

用户界面设计的流程，其实就是设计原则中的任务项的倒序排列，即"理解产品目标及核心功能→根据不同硬件设备分别设计→根据用户习惯选择元素→优化界面逻辑→精简界面元素→突出核心功能→初稿→用户测试→修改初稿→确定用户界面→提交设计"。基于前面章节的学习，我们

了解到 UI 界面设计包括 UI 界面的视觉设计、交互设计和用户设计三个部分，这一章节我们讲一下界面设计的阶段和交互设计的基本流程。

5.1.1 认知分析阶段

认知分析阶段主要是思考解决什么问题（如图 5-1）。

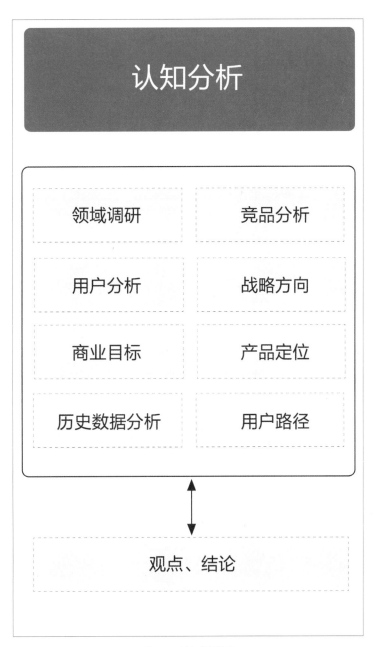

图 5-1　认知分析阶段

领域调研：分析行业特性、市场现状、竞争环境、盈利情况、判断自有项目的可行性。

竞品分析：分析国内外产品的特性和各自优势，做到知己知彼。

用户分析：人群特征、人群市场容量、用户痛点。

产品定位：产品设计初期，需要在用户心中确立具体形象的过程。

历史数据分析：了解关键指标数据，对现有产品现状有初步了解。

用户路径分析：了解用户在产品内部的行为路径。

5.1.2　交互原型阶段

交互原型阶段，本质是在探索解决方案，包括低保真原型、可行性评估和高保真原型以及用户测试这几个阶段（如图 5-2）。

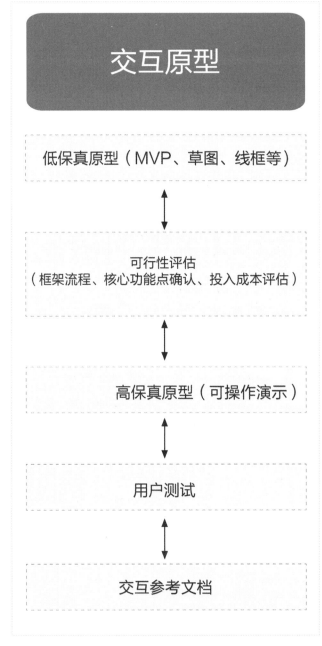

图 5-2　交互原型阶段

5.1.3　界面设计阶段

这一阶段主要思考界面风格探索的问题，根据情绪板、直觉对产品进行风格初步设定；其次思考视觉设计部分，根据高保真原型，雕琢完整的设计稿；最后进行输出交付物，包括界面标注、规范等（如图 5-3）。

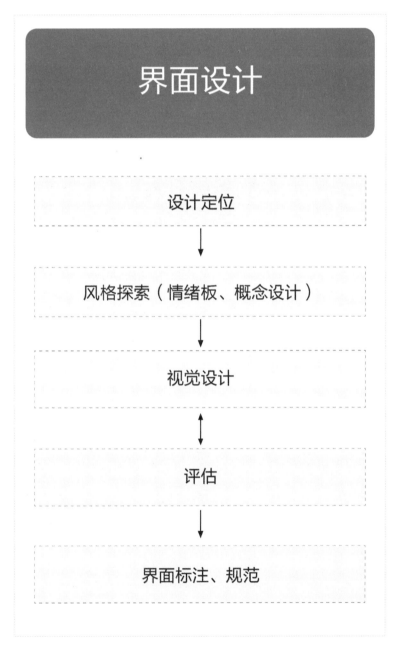

图 5-3　界面设计阶段

5.1.4　研发实施阶段

这是解决方案的生产、测试环节，该阶段同时需要产品、视觉设计师的同步跟进，以确保解决方案的质量（如图 5-4）。

图 5-4　研发实施阶段

5.1.5　验证改良阶段

　　验证改良阶段包括观察数据，即收集上线后的产品数据、用户行为数据；其次是验证目标，将收集的数据与初期设定的产品数据对比，看是否达到设计目标。通过分析用户行为数据，了解用户使用产品和自己预期是否相符，进一步了解原因；最后是发现问题，持续改进：根据上线后的数据、用户反馈、新的功能进行持续迭代（如图 5-5）。

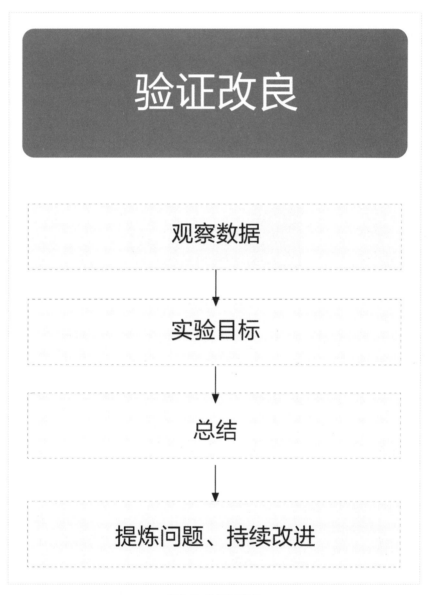

图 5-5　验证改良阶段

5.2 交互设计基本流程

根据前面的知识，我们可以知道交互设计的目的是使产品让用户能简单使用，任何产品功能的实现都是通过人和机器的交互来完成的，它的基本设计流程如下：

首先，需要对功能进行定位，对目标用户进行定位，需要基础调研，包括用户访谈、调查问卷、观察等方法，重点是明确目标用户。虽然都说"设计是为人民服务"，但无论多优秀的设计都不可能让所有人满意，所以在 UI 设计最前期，需要集中精力来选择分析主要目标用户群体，理解潜在用户的相关特征，以及对交互流程设计有一个整体把握。一般来说，功能需要满足简单易用的图片可以随时分享应用的条件，还可以利用时间碎片去形成社区活动，记录生活，而第一部分的目标用户通常就是使用移动智能手机的用户群。

至于交互流程的设计，最好是有一张清楚的设计图纸，方便对应用的功能需求有清晰的把握。如图 5-6 线框的设计表示需要具备的是 table 栏应用设置的入口，个人主页相关信息的显示区域，图片则以瀑布流的形式展现，主菜单可以固定五个一级界面入口，等等。在界面入口这一点，设计师需要清晰掌控整个应用的界面跳转跟层级关系。

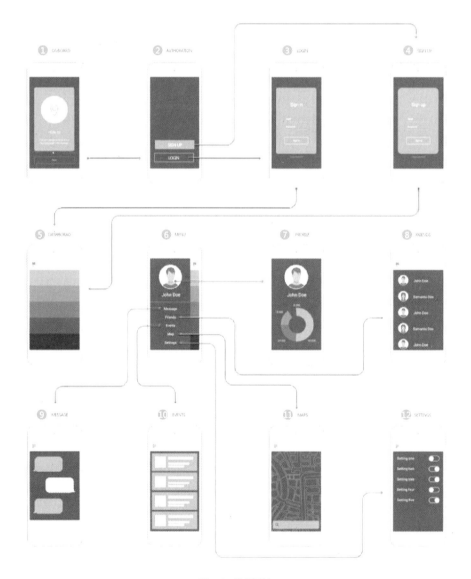

图 5-6 线框设计

以"乐视"为例，首先是概念的提出（如图 5-7 和图 5-8），其次是低保真原型从框架细化到内容，可以具体到信息条目。

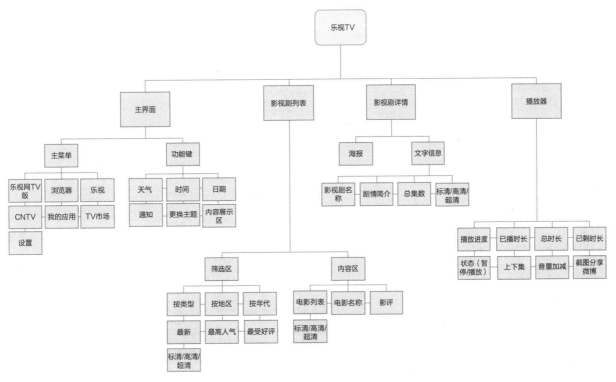

图 5-7 "乐视"信息图

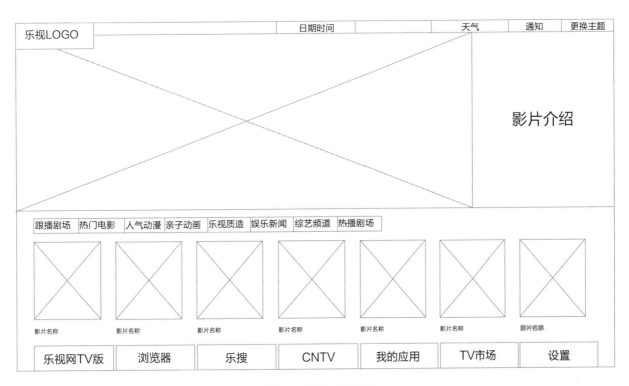

图 5-8 "乐视"低保真图

再次是 UI 界面设计风格的定位，主要体现在 table 栏效果，以及拟出界面所需显示信息等方面上，而图片分享类应用，则要更加重视视觉元素，其应用的设计风格要符合视觉流程，可以先将整体色调设定为灰白，然后逐步添加效果。无论采用怎样的视觉风格，都要使界面尽量简化，减少用户完成目标所需执行的操作。ICON 在应用中是用以表达某一操作或功能示意的图形，所以其设计要尽可能形象且简洁，以便准确表达其代表的功能。当功能图标设计完成之后，要用矢量图形跟钢笔去勾画，这样的话方便在后期随时进行尺寸的调整，且不因此导致边缘出现模糊的现象。手机 APP UI 设计要有足够的引导，让用户在使用的时候可以根据引导去完成操作。比方说在个人主页模块上，去示意用户进行图片的添加，并且记得完善页面图标的导示等等。用户对信息处理的要求不断进行为由繁至简的过程，一切以还原"信息"本身，为"人"而设计。

最后是应用 ICON，之所以把 ICON 设计放在最后面，

是因为需要知道最后整套的 UI 设计效果，避免提前设计之后要根据最终的界面效果去进行修改跟调整，造成工作量的增加。另外，在界面设计接近完成的阶段再进行应用 ICON 的设计，可以让应用 ICON 跟整套 UI 视觉效果风格的吻合。在这一部分上，依旧要使用矢量工具进行设计，并且输出不同尺寸应用到界面跟网页上，争取让 ICON 可以适配各种平台。

手机 APP 界面设计的基本流程如同以上所述，清楚了流程对于设计师的设计来说是有一定帮助的，无论是从借鉴方面，还是从交流方面，对于设计师进行界面设计是有作用的。流程图和信息架构图是表达交互设计的整体逻辑路径的工具，一张好的流程图或信息架构图对于团队沟通有很好的帮助。图 5-9 整理信息的步骤：①整理不可视的信息，②将信息可视化，③列出信息，④设定优先级，⑤找出本质。

| 整理不可视信息 | 将信息可视化 | 列出信息 | 设定优先级 | 找出本质 |

图 5-9　整理信息的步骤

当下 APP 应用主要可以分为两大类，即内容浏览型和功能操作型。对于内容浏览型，需要通过信息架构的方法对信息数据进行整合归类；对于功能操作型则需要通过任务分析的方法，将功能分解组织成一个能够闭环的网状操作模式。信息架构简称 IA，是从数据库的领域诞生的，是信息直观表达的载体。通俗来说，信息架构就是研究信息的表达和传递，主要任务是为信息与用户认知之间搭建一座畅通的桥梁，是为了让用户在使用 APP、软件、网页的时候，能够快速找到自己需要的信息、资料、功能，并且在使用的过程不会"迷路"。在导航设计中，经常会遇到功能层级的两种形式：一种是扁平层级，即所属功能的框架蓝图中属于同一层级的并列关系，这种主要出现在信息

架构较为扁平化的情况下；另一种则是树状层级，即信息架构较为层次化或者任务之间有从属关系，需要用户逐层深入，如 iOS 中的单进单出式级导航。

下面我们以一个具体案例来进行流程示范，当我们拿到一个设计命题后，应该从实际的使用场景中出发，瞄准一个角度进行思考，然后发现一个新的突破点，以此突破点为设计的依据和导向来设计产品。

第一步：设计前的思考。对于记账 APP，用户会频繁打开这个应用，所以在操作上要简单。由于记账涉及资金这个问题，所以它同样需要一定的安全性。如果要给这个 APP 一个定位的话，应该满足简单、高效和安全这三点。

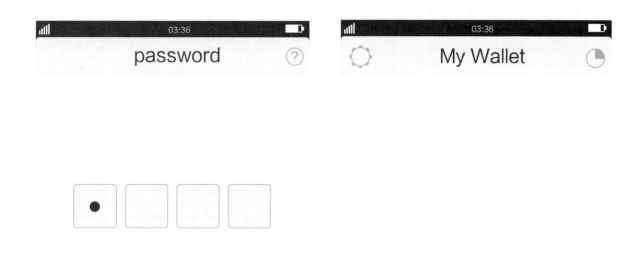

图 5-10　密码界面

　　基于第一步的思考，会发现密码登录会很烦琐，所以在第二步设计时就减去了密码保护界面点击一次快捷入口的行为，把输入密码的步骤隐藏在右上角。如图所示右上角有个查看报表的功能入口，当点击这个图标的时候，会弹出密码框，输入密码就可以进入报表界面（如图 5-10）。

　　第二步就是视觉设计，首先是图标的设计，与"钱"有关，整个视觉呈现上需要传递给用户 "轻" 的感觉，简明清晰的图标和键盘作为主界面的元素符合直观的感受，让人在打开后就能直接进行操作。对每一枚分类图标都做了一个彩色选中态的处理，温和的颜色使界面显得不单调的同时更具亲和力（如图 5-11 效果图和图 5-2 功能展示，图 5-13 ICON 展示）。

图 5-11　效果图

图 5-12　功能展示

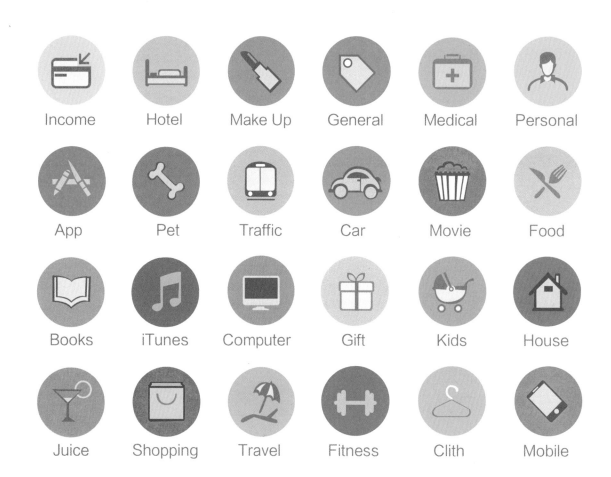

Income	Hotel	Make Up
General	Medical	Personal
App	Pet	Traffic
Car	Movie	Food
Books	iTunes	Computer
Gift	Kids	House
Juice	Shopping	Travel
Fitness	Clith	Mobile

图 5-13　ICON 展示

5.3 空状态界面设计

"空状态"是指移动应用界面在没有内容或数据时呈现出的状态，通常会在初次使用、完成或清空内容、软件出错等情境下出现，空状态界面设计有以下几种形式。

1. 有权限控制的需要登录或注册才能看到的 APP 界面。图 5-14 为 QQ 好友界面，是一款非常好的空状态界面设计。首先告诉你没有特别关心的好友，在界面当中显示你有特别关心好友的界面，然后引导你去添加。

图 5-14　QQ 好友界面

　　2. 断网时的空状态界面设计。图 5-15 非常形象地表达了餐厅无网络的状态，提示用户进行刷新的操作。空状态的首要目标是引导用户，帮助用户快速了解产品的首要功能跟操作方式。

图 5-15　餐厅断网界面

3. 没有内容时，需要一个默认状态。图 5-16 是消息中心的默认界面，相对于空白的界面来说，这样的设计更加人性化。

图 5-16　默认界面

5.4 天气预报界面设计

无论是桌面端、网页端或是手机端，关于天气的应用已经不计其数，尽管每款系统都有自己内置的天气应用，但是第三方的设计师推动了天气应用的发展，让天气应用能够和用户的应用场景有所联系，让天气应用变得漂亮大方，现在几乎每个人手机上都有一款天气应用。近几年整体的设计趋势都渐渐靠向情感化的设计，将天气对应的场景融入了设计中，让用户有身临其境的感觉。

5.4.1　摄影风格

图 5-17 是 Yahoo Weather，在布局、字体和色彩的运用上都显得精致细腻，滑动时高斯模糊的处理更是流畅平滑。Yahoo Digest 的斜切突出一个"破"，在不影响照片内容的前提下，既能在视觉上显得与众不同，又在排版上巧妙地为色彩标签留了一角之地。比起一刀平，更显灵动而不失平衡感。Yahoo Weather 让人感到非常地具有现代感，而且是极简风格。天气预报会配上当地的地标建筑，整体设计干净、有序，而且滑动一下可以获取更多的天气信息。

图 5-17　Yahoo Weather

5.4.2　色彩风格

世界是缤纷多彩的，通过学习色彩心理学我们知道色彩能够唤起用户的情绪。图 5-18 的 Solar Weather 应用便将色彩运用到极致，用于展现气温和环境状况。只需轻轻滑动，就能获取几小时后和日常的天气预报，通过颜色的冷暖渐变来显示温度。

图 5-18　Solar Weather

5.4.3　信息图表风格

Infor Graphic（信息图表）是近年来逐渐兴起的一种设计表达，又称 Data Viz（数据可视化），其最大的特点就是将一些冷冰冰的数据及信息以丰富的设计语言来表达，在保证信息能够清晰传达的同时又给人赏心悦目的感觉。信息图表已经成为信息有效传达的强有力工具，特别是在国外，大中小型公司有很多都已经开始尝试用信息图表来进行品牌的构建、公司年度报告设计、向特定客户群传达及进行教育，而且大多数都是通过互联网来传播，使得其资源及面向的人群非常之广，可以说，现在的设计师能够出一个好的信息图表已经逐渐成为一项必须掌握的内容。而在表现形式上，可以是静态的，也可以利用 Flash 等进行交换式展示，甚至是视频展示。信息图表非常适合分解、分类天气预报数据，通过插画、图标和图像以更清晰、直观的形式呈现。图 5-19 是 Partly Cloudy 的应用，这个转盘有点像时钟——呈现出了很多信息，如时间、温度、降水、风力，让用户能更准确地获得所需信息。

5.4.4　扁平化图标风格

图 5-20 是 Minimeteo 的天气预报应用，它采用了超级简约的线稿图标的设计，卡片式的扁平化界面，让信息呈递得更加直观。

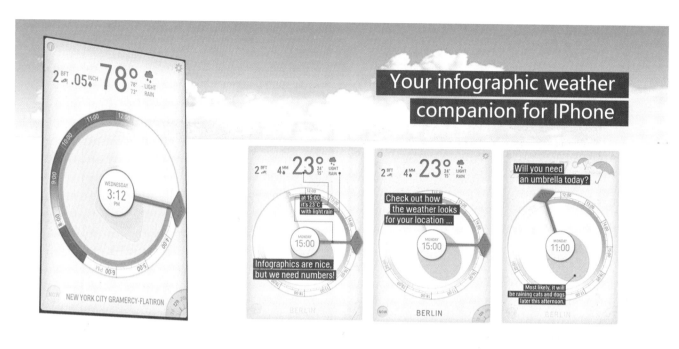

图 5-19　Partly Cloudy

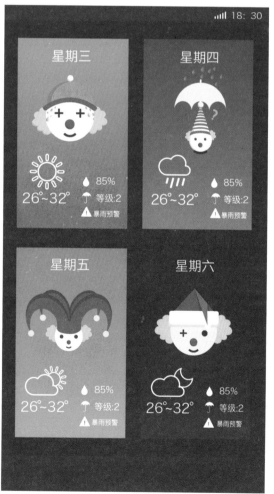

图 5-20　Minimeteo

5.5 日历界面设计

5.5.1 简洁干净型

图 5-21 是 Crab 日历，其设计外观干净整洁，设计师同时利用了扁平与拟物风格，增加了几分多样性、层次感，当然也有写实主义。图 5-22 是 Slider 日历，这款日历的设计强调突呈三维效果，适当的阴影和光照使得底部看起来非常写实。木纹的标题栏、精细抛光的背景，使得这个日历的创意干净而整洁。

图 5-21　Crab 日历

图 5-22　Slider 日历

5.5.2 扁平化风格

扁平化风格顾名思义就是采用了二维元素，即所有的元素都不加修饰，从图片框到按钮，再到导航条都干脆有力。如何设计一款扁平化风格的 APP 界面呢？因其核心依赖于清晰的层次结构和元素布局，优秀的扁平化设计应该能帮助用户更好地理解产品。如图 5-23 是 Ethan Leon 的预约日历，月份着重强调了扁平化风格，使用常规的矩形、圆形、方形等简单的形状，促进了设计元素的整体统一。由于扁平化设计要求元素简洁，所以排版的重要性更为突出，字的大小应该适合整体设计，字体选择上可以使用简单的无衬线字体，通过字号和比重来区分元素。这款日历 APP 在字体的选择运用上是很贴近用户心理的，一行行地展示数据，每行都被独特鲜活的颜色点亮，同时这些颜色用来给不同事件标注提醒，起到预约日程的作用。

图 5-23　预约日历

5.5.3 多彩色风格

图 5-24 是 Handsome 依据 iOS7 风格设计的 Date & Time Picker。这款日历组件看上去绝对梦幻、精致和优雅。最先映入眼帘的，是深色模糊的背景、整洁的非正式字体

和雪白常规图标，它们之间形成了恰到好处的平衡和强烈的对比。利用巧夺天工的渐变和模糊效果，来令作品独树一帜。照惯例，白色被选作辅助色来创造清晰的对比，对于强调和突出内容有不可替代的作用。

图 5-24　Date & Time Picker

本章实训

作业 1：

实训内容：设计一款注册与登录的界面

项目背景：随着时代的发展，新用户注册、登录的过程一直在变化，从简单的信息填写发展到全面的注册方式，再从系统的注册回归简约直观的登录体验，新用户的登录流程经历了一个迂回的变迁过程。现如今，绝大多数的界面已经放弃了复杂、繁复的注册流程，将可能会遭遇障碍、

引起反感和烦躁的部分去除，让注册和登录流程尽可能简单。但随着注册流程的优化和简化，登录界面和注册界面现在很容易被混淆。造成这种混淆的原因不只是简化。根据这样一个问题，请自拟选题重新为它设计一款注册与登录的界面。

实训要求：登录注册页一定要简单易用，让用户用最简单的方式达成目标。

实训参考：图 5-25 登录界面

作业2：

实训内容：设计一款天气预报的界面

实训提示：对于一个天气APP来说，显示当下的温度是极其重要的功能之一。但是并非每一个人都能够根据温度的数值准确准备衣物。例如28度或32度，你知道该穿什么衣服吗？所以大家在设计天气预报应用时，不但应该提供近期的温度数据，还应同时提供前一天的温度，这样可以传达出一个重要的信息即"今天比昨天冷还是热"，这样用户就可以根据昨天的穿着来决定今天衣物的增减。

作业3：

实训内容：时钟界面设计

实训提示：手机时钟是我们日常生活当中必不可少的，有的是系统自带的，有的是一些专门公司开发的。

作业4：

实训内容：重新设计一款APP

项目背景：在目前使用的APP上进行分析然后进行重新设计绝非易事，除了满足各式各样的用户需求，还要平衡安全和易用性原则，所以大家在进行设计时需要走进用户群体，从用户的角度设计出一款全新APP，提高用户的使用体验。

实训要求：1. 调研分析报告，包括目前APP的问题所在，通过基础性的实地考察研究，从而获取第一手用户体验反馈；

2. 绘制用户行为路径简图，包括线框设计等；

3. 绘制高精度APP设计稿，确定使用的字体、颜色、布局和形状，包括首页、设置和引导页等。

图5-25　登录界面

第六章
移动 UI 整体界面设计

本章知识要点：

6.1 手机主题界面设计

6.2 手机游戏界面设计

6.3 APP 引导页面设计方法

6.4 其他界面的设计

本章学生必读书目：

[1] 司晟 leiomiya：指尖世界：移动 APP 界面设计之道 [M]. 人民邮电出版社，2017.

[2] 柏松：智能手机与平板电脑 APP 界面设计 [M]. 清华大学出版社，2014.

[3] David Wood：国际经典交互设计教程：界面设计 [M]. 电子工业出版社，2015.

[4]（美）诺曼 著，付秋芳、程进三 译：情感化设计 [M]. 电子工业出版社，2005.

本章应该完成的阶段任务：

1. 手机主题界面设计。

2. APP 引导页面的设计。

乔布斯曾引用过这样一句话，"Good artists copy, great artists steal"，即"好的艺术家复制别人的作品，而伟大的艺术家偷窃别人的作品"。在界面设计的学习中，鼓励大家多学习他人的作品，才能站在巨人的肩膀上设计出自己的满意的作品。优秀的手机主题设计是 UI 设计师的一门必修课，本章跟大家分享几套安卓系统的手机 UI 界面主题设计作品。

6.1 手机主题界面设计

6.1.1 中国风手机主题界面设计

主题风格的设计方案是针对一个具体的主题进行的开发工作，它对整个主题活动进行了分阶段的预设，需要明确一个主题的主要内容及主要的表达风格等，它是综合实践设计的基本呈现形式。本小节以中国风为案例主题向大家介绍基本的设计思路，中国风是建立在中国传统文化的基础上，蕴含大量中国元素并适应全球流行趋势的艺术形式或生活方式。真正的中国风不是简单地引用中国符号进行表面形式感的设计，而应该与中国文化，当代中国民众

的生活态度、生活方式、审美情趣结合在一起。近年来，中国风被广泛应用于音乐、服饰、电影、广告等流行文化领域。当中国风和 UI 设计结合到一起，会碰撞出怎样的火花呢？图 6-1 是中国风"一人"界面设计的背景，用传统的水墨黑和中国红作为这套主题界面设计的主色调；图 6-2 是"一人"界面设计的图标和引导页面的设计，整个风格选取了扁平化风格，抛弃了复杂的装饰，而去挖掘图标内在的大气之美，字体的选用和文字的排版体现了浓厚的中国味道；图 6-3 和图 6-4 是登录页面和互动页面的设计，把中国风的意境很好地融入其中。

图 6-1　中国风"一人"界面设计

图 6-2　图标与引导页面的设计

图 6-3　登录页面的设计　　　　　　　　　　　　图 6-4　互动页面的设计

6.1.2　传递情感的手机主题界面设计

科技发展使产品除了满足使用者的实用要求以外，对其心理需求的满足提出了更高的要求，现在人的感性心理需求越来越被重视，本小节的主要目标是通过本书学习使同学们了解情感化设计，并实际地运用于设计中。《心理学大辞典》中认为："情感是人对客观事物是否满足自己的需要而产生的态度体验。"情感在人类的日常生活中扮演着极其重要的角色，它能帮助评价处境的好坏、安全或危险。唐纳德·诺曼在《设计心理学 3——情感化设计》中将它分为三个层次：本能层次、行为层次和反思层次。本能层次是先于意识与思维的，它是外观要素和第一印象形成的基础，更多强调的是产品给人的初步印象，着重于产品的外观、触感。行为层次与产品的使用及体验相关，包括功能、性能及可用性。反思层次则是意识和更高级的感觉、情绪及知觉，也只有这个层次才能体验思想和情感的完全交融。在更低的本能层次和行为层次，仅仅包含感

情，没有诠释或意识。诠释、理解和推理来自反思层次。情感化的设计充分考虑到用户的心理感受，设计亲切友好的文化词组，相比冷冰冰的话语更能让用户得到好感和共鸣。界面中的情感化表达主要通过 ICON 绘制、界面排版、插画绘制和色彩搭配来体现，例如支付宝的这套手机主题界面设计主要是为了传递"年味"这个概念，如何构思和表现这个主题呢？首先要发散思维，在民间，传统意义上的春节是从腊月二十三，一直到正月十五。除夕夜之前，我们都会来装饰自己的家，挂灯笼、贴对联、剪窗花、大扫除等；元宵节，大伙儿都会去逛灯会，观看各式各样、美妙绝伦的灯笼。通过发散思维后我们再经过聚向思维来提炼，提炼过年关键词：年夜饭、年画、打年糕、舞狮、烟花、财神、鞭炮对联、剪纸窗花等等。元宵节的关键词：猜灯谜、汤圆、灯笼、礼花烟花、月亮等。如图 6-5，春节剪影，然后把这个概念进行视觉化处理。

图6-5　提炼关键词

第三步就是在提炼元素的基础上进行场景表现，可以通过线稿表现（如图6-6）。

图6-6　线稿表现

　　初步的构思敲定后就可以开始电脑绘制了,如图6-7矢量图表现。整个场景表现上色中,在传统中国红的大色调基础上,加入了洋红、藏蓝等色调,使得整体画风偏手绘、古朴风格,充满了喜庆的年味。图 6-8 是具体在淘宝页上的应用。

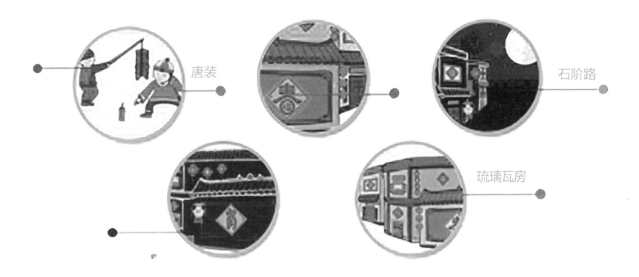

图 6-7　矢量图表现

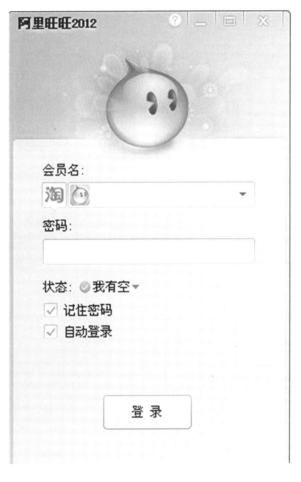

图 6-8　应用延展表现

6.1.3 手绘手机主题界面设计

用户与产品之间的互动是通过产品的界面来实现的，产品界面所呈现出来的交互功能和视觉设计都需要与用户的心智模型保持一致，才能方便用户理解和感知。在界面设计过程中，如果为了迎合各个阶层的用户，而去融合各种设计元素和风格，结果只会适得其反。基于这种情况，用户角色这个概念就被提出来了，即通过对特定的用户加以具体分析，得出这一特定群体的特征，从而进行有针对性的设计。图 6-9 至图 6-11 这一组以"插画"为主题的手绘风格表现，整体给用户一种清新童真的感觉。

图 6-9　整体展示

calendar　　clock　　mail

calculator　　music　　video

pictures　　camera　　document

browser　　weather　　download

dialog　　message　　contact

voice　　app store　　setting

personality　　gamecenter　　map

note　　paint　　security

reading　　updating　　Search

QQ　　Weixin　　Zhifubao

Baidumap　　Weibo　　folder

图 6-10　ICON 图标

图6-11　延展表现

6.2 手机游戏界面设计

　　游戏UI界面包括登录界面、操作界面，还有游戏道具、技能标志等，用户在玩游戏的过程中一半以上的工夫都在跟UI打交道，它设计得是否巧妙、清晰、流畅，很大程度影响到了用户的游戏体验。手机游戏界面设计的目的是让用户了解你的设计意图，有效地传达信息的内容。在操作过程中，能够快速地把想法转化为游戏中的行动，并且产生正面情绪。这种情绪会使玩家产生愉悦的记忆，从而乐于继续操作下去。相反地，如果界面信息量太多，过于冗杂，又或者太少，提示引导不足，都会破坏用户在游戏里的沉浸感。

　　手机游戏界面设计是一个不断挑剔的过程，更是一项讲究逻辑的工作。第一步了解清楚你要设计的游戏究竟是玩什么、给谁玩、怎么玩的。这几点确定了，才好确定美术风格。比如，你在下手前要先确定游戏的题材、背景年代、质感、整体色调、可用元素等等。第二步，进入搭框架阶

段，从主界面开始一层层深入设计，像是一些常用界面、弹出框、功能按钮、道具、技能图标等等，连一些杂七杂八的东西再加上游戏LOGO也能连带着一道设计。第三步，制作主界面UI以及主要功能按钮，正式确立UI整体风格。根据刚开始设定的信息和原画图片，确保UI风格跟原画风格统一。颜色别整得太花里胡哨，清晰美观即可，好的UI不仅可以让游戏变得顺畅简单，还能让整个体验感觉更好些。

　　手机游戏类的APP，要考虑到用户的认知能力，在做游戏界面时需要避免界面系统过于繁杂，对于初步接触此款游戏的用户，需要使用大量的图片及文字作为提示。手机游戏界面设计的风格要尽可能地体现轻松、愉快、自然的感觉，比如使用宽松简洁的布局、比较高明度的色彩搭配、具有趣味和故事性的背景等（如图6-12）。这样的游戏界面设计才会让用户乐于接受你的产品。

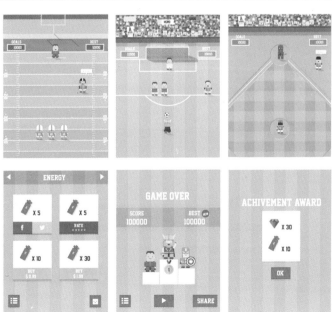

图 6-12　奥林匹克游戏 APP 界面

6.3 APP 引导页面设计方法

各类 APP 在规划设计中都需要设计的统一性。例如图 6-13 是有道 APP 的页面，它在整体设计中运用到了相似的角度设计，从而有效地表现出有道词典的独特性。运用了即词典翻阅的横切面，同样在输入框和功能划分中运用到划分式的四边形线。在功能按钮键则运用到了面状式的菱形四边形。再如我们大家都比较熟悉的天猫商场的APP（图6-14），无论哪个页面都会出现天猫LOGO的造型，强调了统一性，加强了用户对此产品的品牌感。

统一的角度

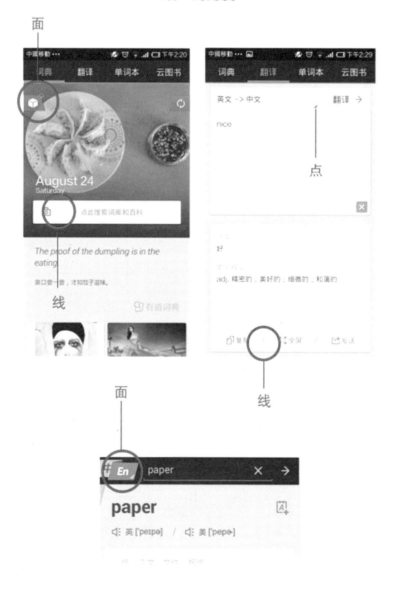

图 6-13 有道 APP

图 6-14 天猫 APP

众所周知，在接触一款新应用的时候用户常常会看到一些引导页，引导页已经成为各种移动手机 APP 宣扬自己品牌和理念的重要手段，引导页的界面 UI 设计是用于新手第一次打开 APP 的时候起到一种引导性作用去帮助用户更好地使用 APP，如何在 APP 界面上设计出更加直观、易于使用的产品，更应该将细节上的引导页对用户产生的价值发挥得更好，使用户走进更有趣的体验。将 APP 的最好的地方展现给用户，依据以下一种或多种方式与用户进行交流：这款 APP 的用途是什么？用户如何将它们整合到生活中？在设计构思时，不要过分去炫耀你的 APP 有多酷，应该关注用户的数据和提醒自己用户的真正需求和所有可能要面临的问题。然后，寻找可以解决的方法通过引导回答他们。在设计过程中，统一有效和一致的表达，无论是在视觉上还是专业术语上都能吸引用户和优化用户的体验。

6.3.1　APP 引导页面的类型

功能介绍型：从整体上采取平铺直叙型的方式介绍 APP 具备的功能，帮助用户大体上了解 APP 的概况。这种适用于前面说的第一种情况。但问题在于介绍的功能太多，往往会导致用户记不住。若能够找到一个最重要的功能，将其讲透，可能效果会更好。如图 6-15 易信的引导页面，采用文字与水彩插图结合的方式，文字分为 2 个层次，大标题与小标题，大标题是对主功能的概括，小标题是对其功能模块的详细描述或进一步补充说明。

无 SIM 卡 🛜　　　　下午5:49　　　　 92% ▮▮▮　　　无 SIM 卡 🛜　　　　下午5:49　　　　 92% ▮▮▮

欢迎来到易信　　　　　　　　　　　　　免费通话

一款最新流行的社交聊天手机应用　　　通过网络让你通话不要钱，聊天随心所欲

图 6-15　易信引导页面

使用说明型：使用说明类引导页是对用户在使用产品过程中可能会遇到的困难、不清楚的操作、误解的操作行为进行提前告知。这类引导页大多采用箭头、圆圈进行标识，以手绘风格为主。图 6-16 是虾米音乐播放器的引导页面，采用的形式以文字配合界面、插图的方式来展现，主要是对于具体的功能如何使用进行说明。其实这种做法

也可以在用户使用 APP 时再进行引导，但在用户使用过程中弹出引导页会打断用户操作，容易引起用户反感。个人觉得如果要做使用说明型引导页，放在启动后会更好一些。适用于前面说的第三、第四条情况，即增加了重要功能或非常规操作方式。

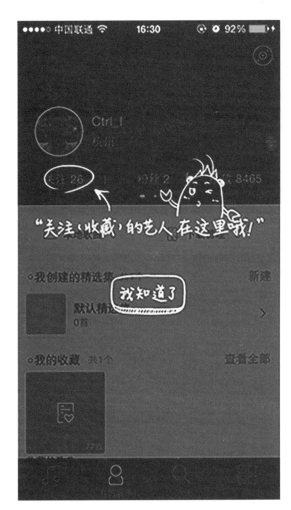
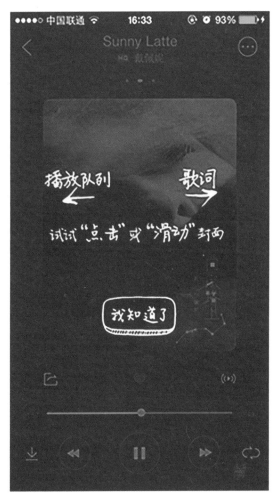

图 6-16　播放器引导页面

讲故事型：讲故事型引导页的核心在于建立与用户使用情景匹配的场景，让用户能产生一种熟悉的感受，能让用户对引导的功能点感同身受。串联的故事一般而言都是多页的形式。一步抛出一个需告知的点，循序渐进地解说。故事可以只围绕一个功能点来叙述，也可以将多个功能点串联起来，形成一个完整的故事。由于每次有一个告知点，多会采用聚焦的设计手法，把视觉注意力吸引到每个告知点上。讲故事的主要目的是希望构建用户与产品之间的联系，让用户感觉到产品与自己是有关系的，现在所说的内容是与自己相关的，需要花费精力来关注一下。如果完全建立不起关联，很容易让用户忽略。如图 6-17 微信 4.0 的引导页就是一个编故事建立关系的好例子，在微信推出 4.0 版本的时候，新增加了类似 Path 和 Instagram 一样的相册功能。在 4.0 版本的新功能引导中，它非常成功地讲述了一个关于相册功能的故事。同时我们大家可以看出，在引导中，文案是特别重要的，因为它是用户直接获取引导信息的关键。发起页的引导是要让用户去主动发起邀请传播，一方面我们要清楚告知用户要做什么，引导用户去操作，另一方面，我们可通过一些奖励刺激用户积极性，增加用户参与率；其次画面也相当重要，这一块是最能体现情感化特点的地方，主题风格的渲染也能带动用户情感共鸣，这一块决定了页面能否在感觉上吸引用户。

图 6-17　微信 4.0 引导页

6.3.2　APP 启动页面的设计

当应用程序被用户打开时，在程序启动过程中被用户所看到的过渡页面（或动画）都被我们统称为启动页，启动 APP 时，一般都会有一张含有 LOGO 的图片，这张图片就叫作启动页面，由于启动页在每次打开应用时都会出现，并且停留时间很短，也被称为闪屏。使用应用 LOGO 和 SLOGAN 作为主元素，传递品牌信息，如图 6-18，能够很快地传达出 APP 的内涵和功能，加强用户对品牌的直观印象。

图 6-18 包含 LOGO 的引导页

6.3.3 推广类引导页

推广类引导页除了有一些产品功能的介绍外，更多地是想传达产品的态度，让用户更明白这个产品的情怀，并考虑与整个产品风格、公司形象相一致。这一类的引导页如果做得不够吸引人，用户只会不耐烦地想快速滑过。而制作精良、有趣的引导页，用户会驻足观赏。如图 6-19 淘宝旅行的 APP，通过清新、生活化场景的插图营造产品是一款乐享生活、跟着感觉走的出行应用，在你出行前就帮你计划好所有的行程安排，只要一个行李箱，说走就走，与产品的理念相契合。如图 6-20 是一个甜品店的引导页面，此页面选用恬静、安逸的照片配以简洁的文字来渲染产品的基调。

图 6-19 淘宝 APP

图 6-20　甜品引导页面

6.3.4 问题解决类引导页

问题解决类引导页通过描述在实际生活中会遇到的问题，直击痛点，通过最后的解决方案让用户产生情感上的联系，让用户对产品产生好感，增加产品黏度。如图 6-21 是 QQ 浏览器的引导页设计，通过形象的插图直接明了地说明了 QQ 浏览器解决了使用浏览器时所遇到的问题。

图 6-21　QQ 浏览器的引导页面

6.3.5　APP 引导页面设计方法

设计方法一，文字与界面组合。

文字与图形界面的组合是最常见的引导页面设计方法，简短的文字 + 该功能的界面，主要是运用在功能介绍类与使用说明类引导页。如图 6-22 播放器的介绍，这种方式能较为直接地传达产品的主要功能，缺点在于过于模式化，显得千篇一律。在引导页面设计文字时，统一文字排列方向能有效地控制界面的整体倾向，加强版面的整体特征，使其具有明确的视觉走向，为读者带来一种整齐划一的视觉感受。在文字编排中，所谓统一文字方向编排是指将版面的主体文字按照一个单一的方向进行排列，使其与界面中图形元素保持一致，赋予版面整体的视觉倾向。

图 6-22　音乐界面

设计方法二，文字与插图组合。

文字与插图的组合方式也是目前常见的设计形式之一。如图6-23是天气预报的引导页面，其中插图多具象，以使用场景、照片为主，来表现文字内容。但是引导页面的文案需要言简意赅，突出核心。根据爱尔兰哲学家汉密尔顿观察发现的7±2效应，一个人的短时记忆至少能回忆出5个字，最多回忆9个，即7±2个。因此展示的文案要控制在9个字以内，超过后用户容易遗忘、出现记忆偏差。如果表达困难，可以辅助一小段文字进行解释或补充。因此在最终文案的确定上，要突出重点，多余的文字尽可能地进行删减。如果文案删减后字数还是过多，因考虑对文字进行分层，通过加空格、逗号或换行的方式进行

视觉优化。精准贴切的文案也十分重要，将专业的术语转换成用户听得懂的语言。尤其对于通过照片来表现主题的引导页设计，文案与照片的吻合度，直接影响到情感传达的效果。在进行界面设计时，设计师为了使作品呈现出均衡、统一的画面效果，通常会从统一文字的笔画粗细方面入手，将字体的笔画按照一定的比例和规格进行编排设计，以增强界面的平衡感，使其符合人们的阅读习惯。如果界面中文字笔画出现过于杂乱的视觉效果，会给读者阅读造成一定的阻碍，因而保持字体笔画的粗细统一，能在一定程度上提高页面的易读性。进行统一的字体笔画设计，能使版面具有规整感与视觉整合力。

图6-23 天气预报引导页

设计方法三，动态效果与音乐。

除了静态页面外，开始流行具有动态效果的页面。在单个页面采用动画的形式，考虑好各个组件的先后快慢，打破原有的沉寂，让页面动起来。同时结合动效可以考虑页面间切换的方式，将默认的左右滑动改为上下滑动或过几秒自动切换到下一页。在浏览引导页的时候，可以试着加入一些与动效节奏相符合的音乐，会是一种更加新颖的方式。如图 6-24 动态引导页面所示。之前对于表现方式

的归类已经讲到了动画及页面切换方式，如果增加了页面动效，利用动效，包括放大、缩小、平移、滚动、弹跳，表现形式更加多样化，会让引导页更有趣，用户注意力更为集中。而页面间的切换方式除了传统的卡片左右滑动的方式外，可以结合线条、箭头等进行引导，通常会配合动效。例如网易新闻客户端、印象笔记·食记，它们在引导页的设计上采用了线条作为主线贯穿整个引导页面，小圆点显示当前的浏览进度，滑动的过程中有滚动视差的效果。

图 6-24　动态页面

目前，很多引导页在设计上同质化问题严重，极度相似的设计手法、风格和排版和相似的文案内容让用户很难关注，所以需要构建特色的引导页面，构建特色并不需要对所有内容的元素进行创意表现，只需要在一个内容点上进行特色构建从而让用户感知，即可得到用户的关注。引导页在视觉风格与氛围的营造上要与该产品、公司形象相一致，这样在用户还未使用具体产品前就给产品定下一个对应的基调。产品的特性决定了引导页的风格，产品是消

费类、娱乐类、工具类还是其他，不同的产品特性决定了引导页是走轻松娱乐、小清新路线，还是采用规整、趣味性的风格，在最终的表现形式上也就会有完全不同的展现，是插图、界面、动画还是其他。如淘宝的娱乐、豆瓣的清新文艺、百度的工具、蝉游记的休闲等等，通过对比就能发现它们在引导页设计上的差异。这样一方面有利于产品一脉相承，与产品使用体验一致；另一方面也会进一步强化公司形象。

6.4 其他界面的设计

6.4.1 网页界面设计

网页设计（Web Design）包含了整个网站在浏览器上的设计方案，功能性应放在首位。界面设计（UI Design）则需对应不同的载体和平台，视觉体验和操作体验应放在首位。网页界面设计的工作流程，是根据客户希望传递的信息（包括产品、服务、理念、文化），首先进行网站功能策划，然后进行界面设计。通俗地来说界面决定了网页的"脸"长什么样；前端设计则将这张"脸"在浏览器里展现出来，与你对话；后台设计则负责"脸"与你对话后，实现不同的功能。移动端的界面设计包含栏目设计、专题设计、BANNER 广告设计、电商门户、APP 设计等。无论是其中的哪种，我们在设计的过程中只用设置72像素即可。

网页界面设计中的信息传达这个概念来自视觉传达设计，多样性的信息传达方式变化起来相对比较复杂，其原则依旧万变不离其宗：平面排版的设计法则，常用于网站主页的构图，例如图 6-25 中日本流通科学大学的网站界面；而模块化的网页结构，多用于跨平台的电商网页用于网页界面，例如图 6-26 中谷歌 Material Design 风格。网页界面设计中，模块化的网格设计被公认为最严谨的设计方法之一，用网格来制定各种网页元素的对齐规范和模块大小，让版面更合理、结构分明，易于阅读而且设计起来也更效率轻松，如图 6-27 OTU 公司网站界面和图 6-28 UI 中国的界面。

接下来我们一起详细了解一下目前使用最广泛的三种网页设计的技巧。技巧一，鲜艳的配色。我们都知道，色彩和人的情感息息相关，明亮的色彩具有较高的吸引力。但是在网页设计中，网页的色彩明度较高时，会让用户的眼睛感觉不适，同时如果作为文字的背景图片的色彩明度过高，也会影响文字的阅读，从而降低信息传播力度。所以对于这种情况而言，在网页设计中，鲜艳的色彩可以用于重点强调的部分，而不适合大面积使用。技巧二，实验性布局方式。这类实验性布局的主要特征是图片、文字在网页排版上通常不对齐，通过不同的留白的方式让用户产生有趣的感觉，但是这种网页的设计会让用户阅读起来变得困难，影响了网页的体验感。所以实验性布局的网页设计适合不是以阅读内容为主的，如果文字内容量多的网页，就不要使用这种方法。技巧三，细节上的设计。对于关注细节和复杂的对比的极简主要设计而言，细节的部分太多，会让用户在浏览网页时产生混乱之感。对细节部分的设计，

图 6-25　日本流通科学大学的网站界面

一般在图像和文字旁边作为装饰要素被使用的情况会很多。有时也会对用户鼠标的光标和滚动产生反应。考虑到好的和坏的两方面影响，应尽量不要损坏文字阅读体验，合适地进行配置。

图 6-26 谷歌 Material Design 风格

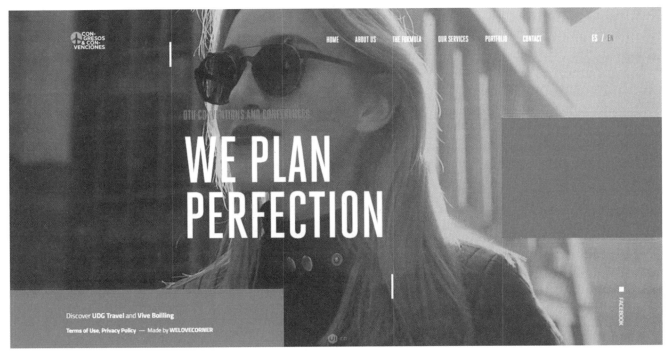

图 6-27　OTU 公司网站界面

图 6-28　UI 中国的界面

6.4.2　电视界面设计

与电脑、手机相比，为电视设计界面仍然是相对新的领域。它也是一个完全不同的平台。为 TV 设计需要完全不同的思考，包括屏幕尺寸和距离、技术局限，还有使用场景。本小节会主要思考电视的界面的原型及其相关的视觉设计。电视不同于电脑、手机和平板电脑的最突出的地方就是显示器，市场上第一台电视是由阴极射线管制成（CRT），一种在电视上显示不连续画面的粗糙技术。在屏幕边缘处问题尤其明显，为了补偿，CRT 电视只好运用过扫描技术。有了过扫描，图像自身稍微放大了，所以边缘超出屏幕可视区域的外延。由于广播电视公司预先裁切掉了部分画面，他们想要避免任何重要信息过于靠近屏幕边缘。历史上，曾经有过标题安全区，文字在此处不会失真，还有画面安全区，图片在此区域内可以安全展示（如图6-29），所以平时的电视机界面画布设置为标准的 HDTV分辨率：1920×1080px，上下 60px 外边距，左右 90px 外边距。

根据前面的学习，我们知道在以手机为主体的移动端，标签栏作为一种导航的模式，兼顾了又小又高的屏幕尺寸，但在电视上，扁宽的屏幕产生了横向排列、最大化展示信息量的布局方式。就像移动端的标签栏，这种模式在多数电视界面上非常普遍。电视应用通常都被称为 10 英尺的体验，通俗地来说就是观者与电视间的通常距离。有了这个距离，我们对待界面的方式，要与网页和移动端稍有不同，在设计电视机的界面时要更加稀疏，设计元素要加大才能从房间的另一头阅读（如图 6-31 至图 6-33）。设计电视界面选用色彩应用时也需要考虑很多因素，浅色与亮色的主题需要慎重考虑，因为多数可能的使用场景都发生在夜晚，没有自然光，因此明亮的界面会妨碍用户体验。

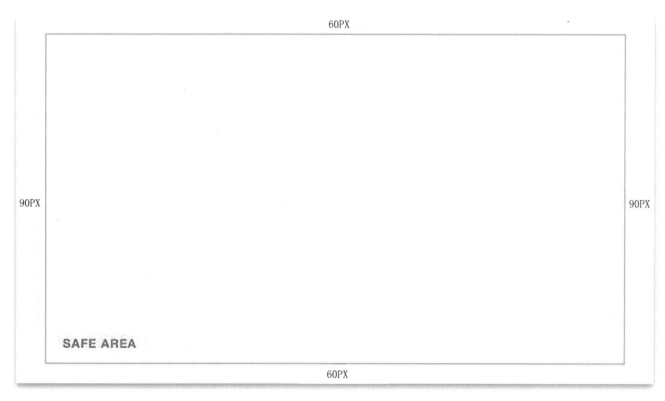

图 6-29　电视显示器的安全区

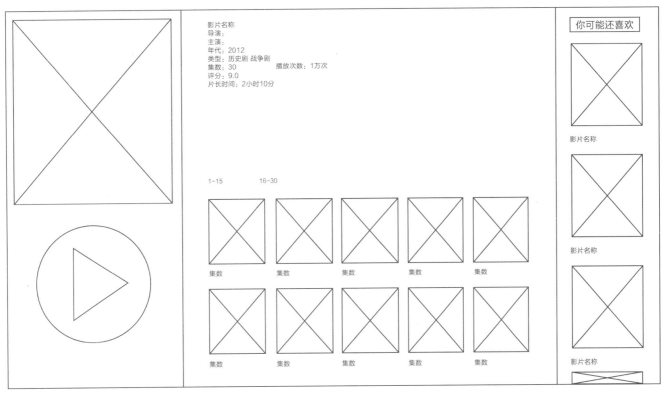

图 6-30　主界面原型图

图 6-31　主界面视觉设计

图 6-32　播放页原型图

图 6-33　播放页面视觉设计

6.4.3 智能手表界面设计

现如今，智能手表已经高调进入人们的日常生活，这一小节主要会从产品的认知、产品的形态及其他的设计模式三个层面进行论述。智能手表被认为是一种"特定形式的设备"，即帮助用户在特定的形式中以最低的认知及互动成本完成目标的设备。智能手表是一款非常私人化的产品，所谓"私人化"不仅包括他们大力宣传的身体状况追踪以及千变万化的表盘设置和腕带搭配等功能，从人机互动的层面来说，更是指它始终附着于用户身体之上，并位于手腕这个抬手即可聚焦视线的地方；相比于始终放在身外（裤袋、包包等地方）的手机，这一特性是智能手表的天然优势。我们需要更多考虑的是第二个因素，即产品自身在功能和内容方面的复杂度是否适合通过智能手表来承载。

智能手表主要有两个大方向，一个是 Android，另一个是 Apple，（如图 6-34 智能手表两大阵营）。Google 在发布第一款 Android Wear 的时候就同步推出了设计规范，Android Wear 的设计规范与 Material Design 风格上有很高的相似度，为了保证设计的一致性，建议手机 APP 的设计风格最好采用 Material Design，这也是 Google 现在提倡的统一平台和各个交互间的用户体验。在智能手表具体设计过程中，界面中的元素应该按照自上而下、自左向右的顺序排布，文字按钮要使用全屏宽度，并且通过情境菜单来呈现次级操作。智能手表应用界面所呈现的内容在不同规格的 Apple Watch 当中应该保持一致。在设计布局时，要使界面元素可以自如地伸缩，以便充分利用不同规格的屏幕空间，如图 6-35，应对不同规格的 Apple Watch 时，菜单图标的画布尺寸及图标内容尺寸也会不同，如果是 38MM 的 Apple Watch，图标内容尺寸是 46pixels×46pixels，42MM 的 Apple Watch，图标内容尺寸是 54pixels×54pixels。在设计图标的形象时，针对不同的设备规格以及图标本身的复杂程度，所用的线形宽度也有所不同，为了确保基本的辨识度，线宽不得低于 4 像素。在 Apple Watch 界面设计图标时要避免在应用图标当中运用太多不同的图形。找到某种能够捕捉到应用核心概念的图形元素，将该元素以简洁独特的形式在图标中展现出来。添加细节时要谨慎，如果图标中的内容或形状过于复杂，那么图标在小尺寸下将变得一团模糊，令人难以辨识。

Apple Watch 界面设计在色彩选择上会使用黑色作为应用的背景色，然后会选择使用应用当中的关键色来呈现品牌或状态信息，同时为文字内容使用高对比度的颜色，色彩来暗示按钮或其他控件的交互性，这一点主要会考虑到色彩障碍用户（图 6-36）。在文字字体的设计中，最首要的，文字必须清晰易读。如果用户根本无法阅读应用中的文字，那么再精美的排版都没有意义。Apple Watch 也有自己的一套规范（图 6-37），Apple 开发了一套无衬线字体，叫作 San Francisco，为 Apple Watch 的易读性做过专门处理，包含 23 种变化，而中文为华文黑体。在 Apple Watch 界面设计过程中，尽可能使用系统内置字体，以保证界面字体的统一性。

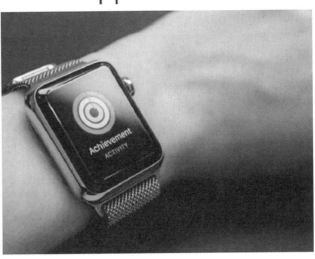

Android wear　　　　Apple watch

图 6-34　iWatch 两大阵营

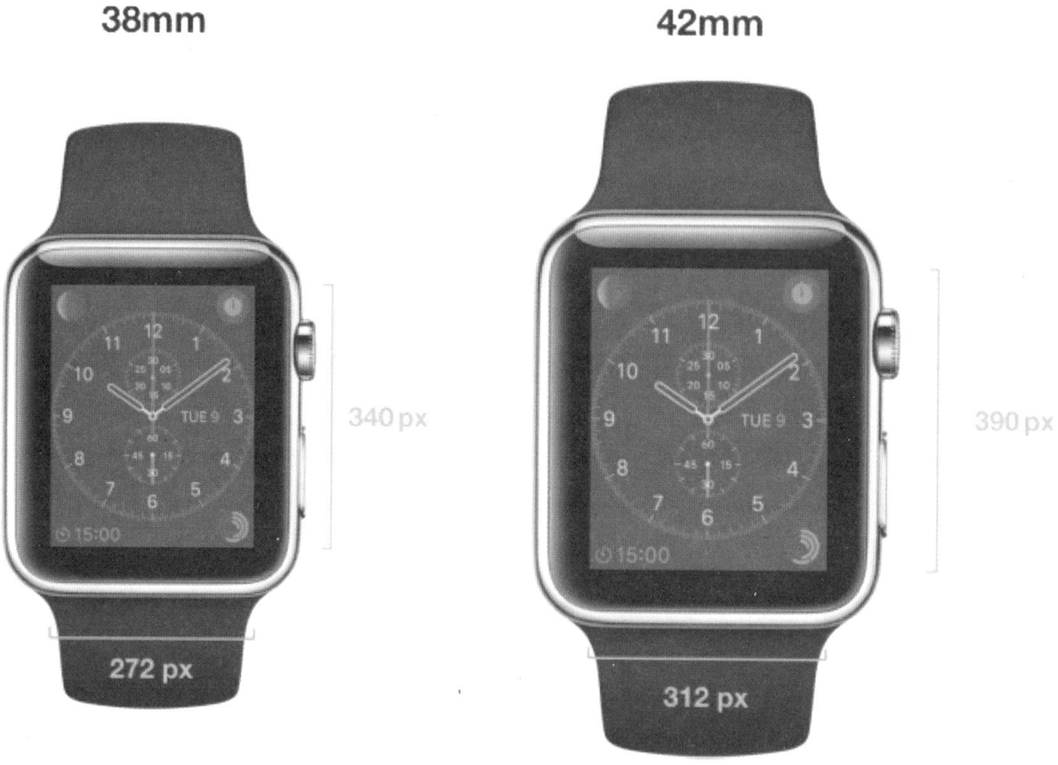

38mm

42mm

340 px

272 px

390 px

312 px

图 6-35　Apple Watch 界面尺寸

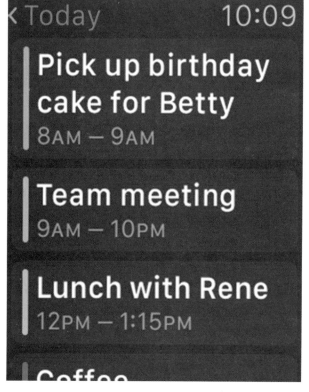

图 6-36　Apple Watch 色彩

图 6-37　Apple Watch 字体

本章实训

作业 1：

实训内容：APP 的引导页面设计

实训背景：优秀的手机 APP 引导页，可以迅速抓住用户的眼球，使得用户可以快速了解手机 APP 产品的价值跟功能，可以说优秀的 UI 视觉界面可以有效提高点击率。

实训要求：（1）引导页面的三种类型（功能介绍型、情感带入型、卖萌型）任选一种形式（参考图 6-38、图 6-39 和图 6-40）；

（2）文案具有亲切性。

图 6-38　UC 浏览器引导页

图 6-39　360 引导页

图 6-40　天猫界面

作业 2：

实训内容：APP 综合设计

实训要求：1. 锁屏尺寸：1080×1920px；

　　　　　2. 图标设计：160×160px；

　　　　　3. 壁纸大小：1080×1920px。

　实训参考：图 6-41 为医护通手机 UI；图 6-42 为百果园 UI 界面设计，此款设计主要采用木纹为主，以水果固有的缤纷色彩为辅。整个 APP 设计给用户传递的信息明确清晰。

图 6-41　医护通手机 UI

图 6-42　百果园 UI 界面设计

参考书目

[1] 薛澄岐：复杂信息系统人机交互数字界面设计方法及应用 [M]. 东南大学出版社，2015.

[2]（美）泰德维尔：界面设计模式 [M]. 电子工业出版社，2013.

[3]（英）David Wood（大卫·伍德）. 界面设计 [M]，电子工业出版社，2015.

[4]（美）Dave Brown（戴夫·布朗）. APP 界面设计 [M]. 电子工业出版社，2016.

[5]（澳）Jodie Moule. 用户体验设计成功之道 [M]. 北京人民邮电出版社，2014.

[6]（美）辛曼. 移动互联：用户体验设计指南 [M]. 清华大学出版社，2013.

[7] ArtEyes 设计工作室. 创意 UI Photoshop 玩转 APP 设计 [M]. 北京人民邮电出版社，2015.

[8]（美）库伯（Cooper. A），瑞宁（Reimann. R）著，刘松涛（译）. ABOUT FACE3: 交互设计精髓 [M]. 电子工业出版社，2008.

[9]（美）布朗 著，田俊静（译）. 高效沟通设计之道 [M]. 机械工业出版社，2011.

参考网站

1. 25 学堂：m.25xt.com

2. UI 中国：m.ui.cn

3. 站酷：www.zool.com

4. 人人都是产品经理：www.woshipm.com